モード後の世界

後疫情時代

UNITED ARROWS 選品店天王

紅遍全球的祕密

Hirofumi Kurino
栗野宏文 著

Fashion
=
Culture
×
Business

Original Japanese edition published by Fusosha Publishing Inc.
Traditional Chinese translation copyright 2022 by CHARISSE MEDIA SWEET HOME This traditional Chinese edition published by arrangement with Fusosha Publishing Inc.,Tokyo, through Honno Kizuna,Inc.,Tokyo,and Keio Cultural Enterprise Co.,Ltd.

繁體版獨有內容 P.008-P.018 由台灣編輯部自行製作刊登

2019 年，東京與非洲奈及利亞的拉哥斯兩地同步舉辦「FACE A-J 時尚文化交流祭」（Fashion and culture exchange. Africa-Japan）活動。圖為在東京舉辦的發表會（服裝由奈及利亞的設計師肯尼斯 ‧ 伊茲 Kenneth Ize 設計）。

日本發表會的秀導穿著 SULVAM 演唱「民謠十字軍」的歌曲。奈及利亞的拉哥斯活動現場，也以同步連線的方式作為開場表演。SULVAM 日本知名品牌，由設計師藤田哲平所成立，他曾是時裝大師山本耀司同名品牌「Yohji Yamamoto」的御用打版師。

2016 年 10 月，「Amazon Fashion week tokyo」選在「とんちゃん通り」（原宿通）舉辦，圖為 KOCHÉ（巴黎時尚品牌）時尚秀最終場。原文中所提到的「通」即為原宿通，是因為以前這條路上一家名為「とんちゃん」人氣非常高的居酒屋，之後便有「通」這個廣為人知的暱稱。

2019 年，比利時時裝設計師瓦爾特・范貝倫東克（Walter Van Beirendonck）前來日本一遊，右邊為「District UNITED ARROWS」的小林。Walter 是安特衛普六君子（The Antwerp Six）成員之一。

2018 年巴黎時裝週會場。

2018 年 5 月在法國南部舉辦的耶魯節擔任評審。耶魯節是日耳曼民族慶祝宗教的節日，後來接受基督教化後改為慶祝更為著名的聖誕節，耶魯節可說是聖誕節的前身。

2013 年造訪東非的肯亞及西非的布吉納法索。2014 年「TEGE」品牌在 UA 開始販售。

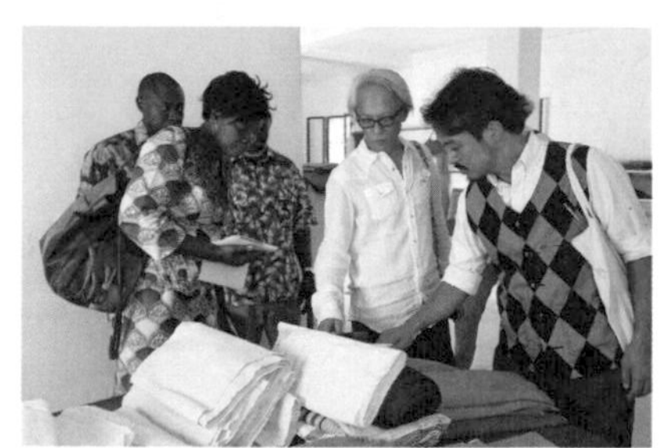

2019 年，在奈及利亞主辦「FACE A-J 時尚文化交流祭」活動的精品品牌「ALARA」。

右：2019 年在「FACE A-J 時尚文化交流祭」上介紹的拉哥斯多元藝術家卡達拉 ・ 耶尼亞希。左：同樣是在「FACE A-J 時尚文化交流祭」上介紹過的奈及利亞設計師肯尼斯 ・ 伊茲（Kenneth Ize）。

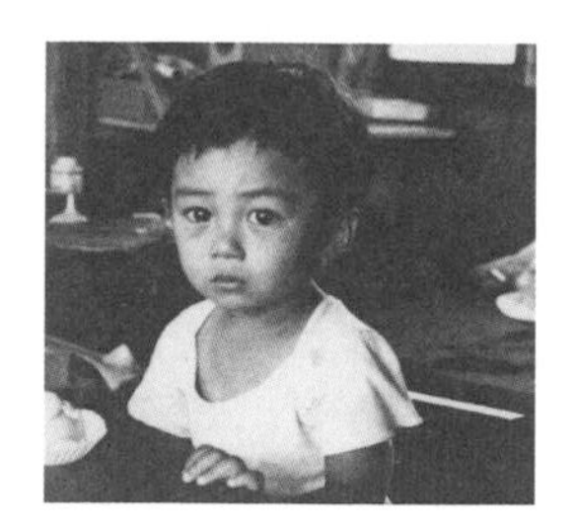

1956 年，幼兒時期的栗野

1956 年，第一次吃鰻魚飯，與母親及哥哥一起

1953 年，栗野的父親與母親

1985 年，生平第一次出差，目的地是倫敦

1969 年，新聞社時期的栗野

1994 年，在原宿舉辦的比利設計師馬丁．馬吉拉（Martin Margiela）的時裝秀

2003 年，妻子與女兒在泰國攝

2018 年，愛犬袞娜

姓名：River

身高：162cm

店號：green label relaxing 微風南山艾妥列店

台灣版製作圖像文字內容
由台灣 UNITED ARROWS 授權提供

姓名：Milly

身高：159cm

店號：coen 微風南山艾妥列店

台灣版製作圖像文字內容
由台灣 UNITED ARROWS 授權提供

姓名： Noa

身高： 175cm

店號： UNITED ARROWS 大安店

台灣版製作圖像文字內容
由台灣 UNITED ARROWS 授權提供

姓名： Cece

身高： 171cm

店號： UNITED ARROWS 微風南山艾妥列店

台灣版製作圖像文字內容
由台灣 UNITED ARROWS 授權提供

姓名：Masami

身高：164cm

營業部副協理

台灣版製作圖像文字內容
由台灣 UNITED ARROWS 授權提供

姓名： Yumi

身高： 160cm

店號： coen 京站店

台灣版製作圖像文字內容
由台灣 UNITED ARROWS 授權提供

姓名： Catherine

身高： 155cm

販賣一課經理

台灣版製作圖像文字內容
由台灣 UNITED ARROWS 授權提供

姓名： Khalil

身高： 172cm

店號： green label relaxing 微風南山艾妥列店

台灣版製作圖像文字內容
由台灣 UNITED ARROWS 授權提供

姓名： Wen

身高： 162cm

店號： UNITED ARROWS 微風南山艾妥列店

台灣版製作圖像文字內容
由台灣 UNITED ARROWS 授權提供

姓名： Nicky

身高： 177cm

店號： UNITED ARROWS 大安店

台灣版製作圖像文字內容
由台灣 UNITED ARROWS 授權提供

姓名： Cindy

身高： 161cm

店號： coen 微風南山艾妥列店

台灣版製作圖像文字內容
由台灣 UNITED ARROWS 授權提供

姓名： Kaz

身高： 190cm

店號： UNITED ARROWS 微風信義店

台灣版製作圖像文字內容
由台灣 UNITED ARROWS 授權提供

姓名： Dennis

身高： 173cm

店號： UNITED ARROWS 大安店

台灣版製作圖像文字內容
由台灣 UNITED ARROWS 授權提供

姓名： Elisa

身高： 158cm

店號： UNITED ARROWS 微風南山艾妥列店

台灣版製作圖像文字內容
由台灣 UNITED ARROWS 授權提供

姓名： Shisho

身高： 171cm

營業部協理

台灣版製作圖像文字內容
由台灣 UNITED ARROWS 授權提供

姓名： Chen

身高： 168cm

店號： coen 微風南山艾妥列店

台灣版製作圖像文字內容
由台灣 UNITED ARROWS 授權提供

姓名： Amy

身高： 162cm

店號： UNITED ARROWS 大安店

台灣版製作圖像文字內容
由台灣 UNITED ARROWS 授權提供

姓名： Enzo

身高： 178cm

店號： UNITED ARROWS 大安店

台灣版製作圖像文字內容
由台灣 UNITED ARROWS 授權提供

姓名： Nick

身高： 178cm

店號： UNITED ARROWS OUTLET 林口店

台灣版製作圖像文字內容
由台灣 UNITED ARROWS 授權提供

姓名： Hana

身高： 161cm

店號： green label relaxing 微風南山艾妥列店

台灣版製作圖像文字內容
由台灣 UNITED ARROWS 授權提供

在前言 → 之前

本書二〇二〇年出版日文版，將會是人類史上相當特別的一年，我們歷經了非常嚴苛的考驗，當然也有許多學習與收穫。不用說，這一切都是新型冠狀病毒（COVID-19）帶給全世界人類的課題。二〇一九年底出現的 COVID-19 感染者，藉著過年假期將病毒散播到世界各地，結果情況幾乎嚴重到幾乎無法在地球上找出「零確診」的地方。由於是未知的流行傳染病，因此沒有疫苗可接種，當然特效藥也不存在，有效的應對方式遲遲無法定調，導致有些反應較慢的國家，做出了錯誤的決策，進而陷入悲慘的窘境。美國、義大利、西班牙、巴西等國，確診人數及死亡人數全都不斷飆升。在撰寫本書的時候，日本發佈了二戰後首次的緊急狀態宣言，透過限制人民的日常移動來降低感染確診人數，雖然這個方式成功奏效了，不過目前仍處於非常微妙的階段，畢竟狀似有所控制的病毒並沒有完全被消滅，人們必須有深切的覺悟，未來第二波、第三波…的疫情還會持續爆發。對全世界來說，疫情都是一個「未解的難題」。

新型冠狀病毒（COVID-19）是人類大規模危機的具體呈現，也明確地凸顯出二十一世紀以來都市圈生活的特徵及缺點。近代「全球化」發展縮短了各國之間的距離，有了更緊密的接觸，各大城市的人們也因為生活模式改變而產生了意想不到的連結，就是因為這些現況，才擴大了病毒的感染範圍。

COVID-19 疫情不只是人類對抗病毒如此簡單的過程，在受到感染的眾多國家之中，不僅領袖及政治家們的態度截然不同，人民的因應方式也相當分歧。就這個觀點來看，我們或許可以說「災難並不會挑對象，人類在這個層面已得到了『公平對待』…」

「大規模流行傳染病」已經不再只是科幻小說及恐怖電影裡的題材了。

這一場戰爭，擴及經濟層面、政治層面，以及整個人類社會系統。採取利己主義的大國，互相推卸病毒感染範圍擴大的責任，而日本本身也因為身為奧運主辦國的關係，在國家利益優先的考量下，導致應對策略相當窘迫，種種情況都讓長期執政的官員們，顯露出無能及功能匱乏的狀態。

無論如何，我們都必須將「人類該如何思考？下一步行動是什麼？」當作是解決這個問題的核心關鍵。而這裡的人類，指的不只是國家領導，也同時是所有的人民要一起面對的課題。

接著我要談論的是「流行時尚的方向其實就是社會變遷」這件事。

我的事業核心是「流行時尚」，不過我想聊的並非「什麼叫流行時尚？」比方說短裙的長度、外套的剪裁版型，或是 T 恤的顏色…等問題。我真正重視的是「當今世上正在發生的大事，以及在面對這些大事的時候，人們該如何看待自己的生活、該將什麼列為優先處理的事務？」

也就是說，現階段我們最應該關注的議題，是「後疫情時代」的到來。當然，對於現況，各國政治家都不約而同提出了保護主義或其他雷同的觀點，但我並不認為這會是有效的。畢竟現在是人類史上最需要互相合作來達到最大利益的時刻，如果依舊保持保護主義、依舊將自己國家的利益擺在第一位，那麼這些政治家就沒有辦法成為「後疫情時代」中提出解決方案的人，或是能夠肩負起責任的人。可惜的是，抱持保護主義或民族主義的政治家們，反而利用疫情擴散的時刻大打貿易戰。

為了防止病毒擴散，各國都採取了自主隔離、封城等行動，這對市井小民的營生帶來顯著的衝擊，包含餐飲產業、娛樂產業，以及像 UA 這樣的潮流銷售店都是如此。

二〇二一年春季及夏季的新品，也就是明年度（撰稿時間為二〇二〇年）的設計新品，我已經公開發表了，儘管設計概念上重點是擺在「後疫情時代」，然而「後疫情時代」的消費者，面對像我們這種「服裝品牌產業」。對他們會產生什麼樣的新思維？什麼才是他們心中最在意的優先事項？這些問題更是我想要關注的核心。

因此我想提出的問題是:「進入後疫情時代之後，全世界的人們會想要穿什麼？」

應該有很多人會想說：「現在當然不是穿正式西服的時機啊！」不過事實上我與幾位好朋友在二〇一一年也有過類似的經驗。當時東日本發生了大地震，東京電力所屬的福島核能發電廠傳出事故，隨後我們便開始煩惱：「在經歷重大國難時期，到底還會有多少人想買正式的西服來穿呢？」然而，在那時候我們很快就決定要再次開門營業，原因是「正因為大環境情況嚴峻，所以才更能體現出西服銷售產業的真實價值。以人為本的 UA，在這種時候更應該張開雙臂，用不變的笑容迎接每一位客人。」其他還有很多企業與品牌的門市，跟我們抱持著同樣的想法，也都盡全力重新營業。

在此，向大家說說令我難忘的其他企業及我們自家公司當時的故事。

首先要說的是我相當敬重且平時就非常愛用的品牌— MARGARET HOWELL（英國知名品牌，文簡稱為 MHL）。災後不久，MHL 仙台店重新開張營業，一位有段時間沒光臨的多年常客來到店裡，看到熟悉的店員安全無恙，兩人都非常感動，聊了許久之後，常客買下了喀什米爾羊毛針織品與好幾件高價商品。告別前，店員問常客：「您現在住在哪裡呢？」結果常客的回答是：「體育館改造的避難所。」店員感動之餘將這件事回報給東京公司總部，最後甚至就連身在英國的瑪格麗特 ‧ 豪威爾（Margaret Howell）設計師本人都得知了。聽說她還因此而感動流淚。

至於我們公司的故事，就發生在公司所屬的「District UNITED ARROWS」店裡，同樣地，也是宮城縣的客人與店員的互動小故事。有一天，客人打電話來詢問比利時設計師的鞋款是否有現貨庫存，經過一番查找後，剛好那間店有客人想要的尺寸，因此店員就用訊息回報客人，說明可以用宅配的方式寄送過去。結果客人回傳了自己目前的狀況。原來，客人家住在津波，一樓已經淹沒在水裡，有很多貴重物品都泡湯了。他在訊息裡寫道：「我想要穿上你們家的鞋子，充滿勇氣地再次向前行！」

這對我個人以及身邊的伙伴們來說，都不只是表面的故事而已，我們從事的工作能夠影響他人價值觀，絕非只是單純地推銷客人消費昂貴西服，藉以衝高銷售金額，與客人之間的關係更不是只有金錢與物品的交換。「服務每個顧客時都是一個契機，這是我們的信念，品牌是可以賦予客人希望與勇氣的。」

COVID-19最讓人感到煩悶的，莫過於必須盡可能避免人與人之間的互動交流。與客人的溝通對我們這個行業來說是非常重要的一環，當然目前的現況有一點跟二〇一一年比起來相當不同，那就是現在的我們擁有強大的數位工具。不過我必須說，我自身的網路使用能力是相當受限的，同時我也不認為人類的工作會百分之百完全被人工智慧給奪走。

現今的社會如果能夠充分透過數位工具進行交流，我相信要做到「貼近人們需求」是有可能的。日本在發布緊急事態宣言後，人們不僅可以在網路上看到自己生活周遭環境的變化，也可以了解服務業、餐飲業、醫療體系⋯等，因為疫情而大受影響，各領域都遭遇到類似的困難。大家可以集思廣益、想出可能的解決方案，然後透過社群平台之類的網路工具分享資訊或想法，甚至直接採取行動。另外，遠距工作及遠距教學也正快速地發展中。甚至是反對當權者所發起的抗議行動，以及這類輿論的影響力，也都因為網路而得到實現。

「大規模流行傳染病」讓近代世界及現代的政治環境暴露出許多問題，在「後疫情時代」展開之後，我們應該要跨越國界及種族的藩籬，立下共同的志業，一起協力解決二十一世紀人類該面對的所有問題，我認為這是人類打造一個理想世界的大好機會。

醫療與科技的知識共享、創造新興組織或討論平台的可能性、資本的有效流動及活化、以全人類的觀點審視糧食政策及各國農業的自給自足、超越貧富差距、終止無窮盡的慾望，追求真正的快樂、彼此相隔兩地的人們互相幫助、共同奮鬥、對氣候變化採取積極行動…

我相信「流行時尚」也能在這些正面作為中，實現存在的價值。原因就在於，我們身上的穿著，就代表著我們的生活。我們會透過穿著打扮來確認自己的狀態，同時也會用來當作觀察他人的線索，而且穿著還能深化人與人之間的溝通交流、促使彼此相互理解。這就是「人要衣裝、佛要金裝」的道理。

接下來的文章內容跟 COVID-19 所帶來的影響不會有太大的關聯性。
那是因為這本書將以超越時代與流行的觀點來撰寫。
做完以上的說明之後，我們就可以開始進入本書的主題了。

Notes

瑪格麗特 ・ 豪威爾（MARGARET HOWELL）
成立於一九七二年，Margaret Howell 設計師的同名品牌，以簡潔線條與大地色系做為設計重點，靈感大多來自大自然與生活日常，品牌重視品質大多選用英國布料並與匠人合作，製作出高質感的服裝傳遞日常美學。二〇〇四年成立支線品牌 MHL.（Margaret Howell London），因價格較親民深受年輕人的喜愛。

Preface → 前言

一九八九年，我與九個好朋友一起成立了（UNITED ARROWS）公司，迄今已過了有三十年。曾有人問我：「你從事什麼行業？」

以名片上的頭銜來講，我是 UA 的高級顧問，負責擬定公司經營方向，基本上就是站在經營者層面，統整公司所有品牌的發展方針。而 UA 就是在我的帶領下，衍生出 BEAUTY & YOUTH 及 green label relaxing…等，多個不同的支線品牌。

一般來說，設計總監或設計師的職務是負責定位品牌風格，並擔綱總執行的人。然而公司擴大後，內部負責審核動態影片及平面照片品質的人出現了，被稱為影像總監；另外還有管理行政事務的行政總監，都是公司裡的高階營運幹部。而我則是掌管公司整體方向的總監。UA 就以這樣的人事佈局為基底，各個總監會根據當季的目標進行部門的工作安排，並交辦給所屬的同仁。

在此進一步說明，「世界上有各式各樣的挑戰，而各部門總監除了確實掌握市場趨勢之外，也為了專案順利推進，必須要有充分準備，避免提出錯誤的方向」，這麼說明應該是容易理解吧。

我會向UA各個事業部及各家門市提出策略方針，同時也會多方考察，新世代的價值觀及對於事物的觀點…這些資訊就是所謂的「社會潮流」（Social streams），透過發生在你我生活周遭的事情來掌握社會潮流，並進一步研討「我們真的理解這個世代嗎？接下來的消費主流會是什麼？」等相關議題，藉以進行後續的商業分析作業。

另外，在隸屬UA事業部之一的District UNITED ARROWS門市通路裡，我也擔任獨立店的總監，並負責營運銷售，每當過年時我也會在門市值班，直接面對及接待客人。

總而言之，我的工作可以說就是從「流行時尚」這條河流的源頭，一直到出海口為止都通包了。

Notes

UNITED ARROWS
創立於一九八九年，由前BEAMS執行董事重松理所創立，是一間販售世界各地流行時尚商品的選品店，也是融合全球風格的潮流前線，品牌提供消費者找到讓生活更時尚的途徑。旗下擁有二十多個品牌，目前是日本規模前三大的選品店，也是間股票上市公司。

選品店（Select Shop）
是指店裡除了販售自家品牌商品外，也販售由買手精選的其他品牌服裝、配件或聯名商品等，「Select Shop」中文直譯為「複合品牌店」，台灣普遍稱「選品店」或「選貨店」。日系品牌如：UNITED ARROWS、BEAMS、URBAN RESEARCH、JOURNAL STANDARD、SENSE OF PLACE、niko and…、ABC-MART等。華系品牌如：I.T集團、D-mop、PHANTACi、JUICE、MiTCH、TUANTUAN團團、onefifteen初衣食午、TRENDS、plain-me、Artifacts等。

Chapter 01

Social →
從社會潮流
了解衣著的演變

進入不買衣服的時代

在平成時代宣告結束前不久，各種數據都表明國際的經濟景氣已好轉不少。不過，再怎麼用數字去變魔術、玩花招，把現況形容成「戰後最長的好景氣」，一般的平民老百姓還是沒有太大的實際感受。事實上，有錢人全都變得縮衣節食了，使用金錢的態度變得日趨保守，消費熱潮也逐漸淡化。

話說回來，那個年代的問題基本上是無法光靠刺激消費來解決，買不買東西已經不是重點。七、八〇年代的問題，倒是還可以用振興消費的方式來應對，採購可以讓生活更加便利、讓心情變好、「讓生活變得富足」的商品，就是大多數問題的解決方案，這種方式一直到九〇年代左右都還算是行得通。

的確，在經濟方面人們是變得富裕了，然而另一方面，大部分的人卻開始感覺到，即使家裡的物品增加再多，豐盛的感受度也差不多就是那樣，無法再往上提升了，反倒是更讓人感受到心靈方面的貧瘠。因此有不少人開始萌生「東西買那麼多要幹嘛呢，房子也就那麼大而已」之類的想法，這也間接帶出共享經濟的熱潮。人們紛紛開始共享空間、共享房屋，從汽車到服裝，消費儼然轉化成為租借。再者，專營二手貨交易的「mercari」（日本知名網路二手交易平台）也將跳蚤市場概念搬上了網路，因此人們即使做了消費，買進的物品還是會再循線賣出去，這樣的模式已經逐漸變成常態。

一九六〇到七〇年代，反文化體制運動席捲世界各地，雖然人們普遍對於資本主義還是頗有微詞，但也不可能再回頭去過原始共產社會的生活了。從那時候起到現在已過了五十年，如今我們身處的資本主義社會，已經慢慢地演化成即使「身無長物」也還是可以活得很好的境地，越來越多人選擇「不再進行消費，出現任何需求就透過共享來滿足」的生活模式。姑且不論這些狀況是不是個別現象，但我們已經可以看得出來，「就算政治體制沒有做出改變，社會還是會持續進化」。

我進入服裝業界已經約有四十年的時間，在這段漫長的歲月裡，我也曾遇到過石油危機等等劇烈的社會動盪。然而，再怎麼樣也不曾出現人們對「買東西」這件事產生負面情緒的狀況，我想這恐怕是四十年來最大的變化了吧。

回顧二十世紀後半段的消費市場，可以說是充滿「脅迫型消費」，比方說「不買你會後悔」或是「不買你就會晚人家好幾步」的誇張聳動廣宣。當然不可諱言地，還是有一些購物行為具有「療癒」效果，也能夠撫育心靈。

當你買了商品也不一定能得到療癒，更沒有人能保證「把這個買回家就能感到安心」，甚至我們還發現，有很多不愛購物或身邊一無所有的人，日子反而過得比較開心。

現今，新消費型態崛起「網購」，人們只要透過網路下單物流配送，不出門就能買到商品。若想改變消費市場，本質就是要讓產品「大量生產」變得更普遍，進而提供給消費者更物超所值的商品，可是廠商都往這樣的商業模式走，最後市場就只剩下能快速調動資金的大企業。另外汽車及家電高價、耐久型的商品，常會推出升級版來吸引消費者。而流行服裝產業最常走的路線就是高聲疾呼「不穿這個最新的設計，就趕不上流行囉！」讓消費者買單。

原則上，衣服本身功能是冬天穿時溫暖、夏天穿時涼爽的商品，也就是為了解決問題而生。設計師查爾斯・伊姆斯（Charles Eames）就曾說過：「設計的根本精神是解決問題。」其實不只設計，所有創造相關的作為，應該都是要為「解決問題」服務。

然而，現今的服裝除了一定程度上解決冬寒夏暑的問題之外，也衍生出「流行時尚」的遊戲，意思就是服飾品牌會用新的設計來否定先前的商品，使消費者得要不斷買進新的。他們把「接下來沒有什麼想要的東西了」這個想法，扭轉成不存在的「問題」，這也導致許多過剩的商品出現在世界上，因而衍生出各式各樣的問題。環境的破壞及汙染、資源枯竭、能源問題等等，而且有沒有人想過，所有已經生產出來的商品該如何進行回收處理呢？

我認為，這種不合理的脅迫型消費方式已經走到了極限。過往人們真的會買回自己並不需要的東西，並將其視為開心的小確幸，然而就在不知不覺間，這樣的風氣已經漸漸平息，對於「終於把想買的東西買回家了」這件事，人們早已不再憧憬，畢竟現在是無論什麼商品都可以很方便地購得，再加上社群平台盛行、消費虛擬化的時代，即使沒有親自購入商品或吃到美食，在社群平台上看到有人買了、吃了，或是看到有人穿著最新流行服飾的樣子，自己就能感到滿足。電視上的美食節目及健康相關節目也是如此。自己不花錢，看別人在線上的美食或健康節目買東西，單靠這種「虛擬的消費氛圍」就可以感到心滿意足，這已經成為當下消費社會的一大特色。

Notes

查爾斯 ・ 伊姆斯和雷 ・ 伊姆斯（Charles Eames 和 Ray Eames）
二十世紀最有影響力的設計雙人組，知名設計夫妻檔，設計橫跨工業、家具、平面、電影、建築…等，作品如：Eames Plastic Chair、Eames Lounge Chair…等到現在依然經典代表，Eames 家具系列版權，目前由 Herman Miller 公司所販售。

服飾所扮演的角色產生了什麼樣的變化？

再來談到另外一個特色，我認為在二〇〇〇年之後，日本人與服裝之間的關係出現了「角色扮演」的傾向，這是我最近才得出的結論，不過我想，現在社會之所以會演變成「不買衣服的時代」，角色扮演受到認同恐怕是關鍵之一。

說到時尚，一般來說參與其中的人會有三種不同的態度，一種是「角色扮演／

喬裝假扮」的人；一種是為了讓自己開心所以藉著時尚來顯露自我性格的人；另外也有些人是受到某種約定成俗的制約所影響。

時尚之所以能在「角色扮演」這場大戲裡占有一席之地，主要是因為每個人或多或少都會有「變身」或是讓自己「變得顯眼」的欲望。比方說去唱 KTV 的時候，往往會變成秀歌喉大戰，運動也是同樣的道理。有不少人會需要透過各式各樣的方式來滿足自己的表現欲，以及被認同的欲望。不過，我並不認為時尚就等同於顯露自我性格，然而，這麼想的人似乎還真不少。

近年來不論是萬聖節或角色扮演的馬拉松比賽，人們普遍對於「角色扮演／喬裝假扮」表示認同，因此我認為時尚就是展現自我的人們，並以角色扮演的方式呈現出自己最獨特的那一面。但這些人在日常生活中卻是「怎麼穿都無所謂」的態度，甚至還會讓自己穿得越樸素低調越好。可能就是因為可以盡情地角色扮演，所以人們才會對日常打扮感到興致缺缺，以社會現象的角度來看，這樣的發展真的很有趣，不過卻也讓人不禁會想：「再這樣下去真的好嗎？」

有部分的年輕群體之間認為外表不起眼是一件好事，因為這麼一來就不需要買太多衣服了，畢竟還有其他更多值得珍藏的物品。也就是說，他們所認為的服裝，已經與長久以來人類賦予服裝的功能及定義相去甚遠。對經營服飾生意的人來說，這真是令人感到悲傷。不過從另外一個角度來看，能透過服裝或是外表以外的事物，去追求身分認同或幸福，才真的是人類該做的事。

如此一來，唯一的辦法就是成為人們所能夠認同並選擇的服飾品牌，因為人們如果變得不再有消費行為，那麼供應商所提供的商品，也就等於全都是消費者不要的東西。唯有持續捫心自問「我是怎麼想的？」「我想追求的是什麼？」這樣的企業才能生存下去。

率先推出長裙的人

UA非常重視「社交氛圍的變化」，也就是會「解讀社會潮流並制定設計方向」，主要原因是，對於購買服裝的客人來說，流行時尚並非優先考量的事項。客人在意的是家庭、工作、政治經濟的脈動、環境問題及文化發展等等，這些重點都比流行時尚要來得重要。

不過，時尚業界之中，會在意社會潮流發展的人似乎並沒有那麼多，業界人士在意的是趨勢。的確，時尚與趨勢有著密不可分的關係。不過，趨勢是「結果」，我的意思是，無論現在市場流行的是紅色還是黃色，說到底呈現出來的都已經是成形的結果。

而且，「抓住趨勢脈動」說難聽一點就是鼓勵山寨。先前我曾看到一篇新聞報導，裡頭提到有位智慧財產權的專業律師針對流行時尚業界做了調查之後，感慨地表示「流行時尚就是以趨勢之名讓山寨模仿正當化的世界」，對此，我真的覺得無法否認。

當長裙開始流行的時候，就趕緊推出長裙商品，這樣的做法的確沒有錯，不過這並不是從源頭去推敲進而預測到長裙將開始流行。有個人登高一呼「今年將是長裙的天下」，然後其他人便開始跟隨，結果變成「今年要流行長裙了，我們也必須要推出才行」。大部分的人會認為這就是趨勢。不過，真正掀起潮流、創造流行的人，是第一個讓「長裙」問世的那一位。那個人所在意的重點，才是社會潮流的成因。他所在意的不是顏色或版型，也不是人們有沒有要這麼做，而是觀察了時代的氛圍，認為「正因為是這樣的時代，所以我提出了這樣的服裝樣式」。

比方說在二〇一九年，日本因為暴雨集中肆虐及兩次大颱風的侵襲，造成莫大的自然災害；還有就是賞櫻會預算（日本首相安倍晉三在位時，政府補助的賞櫻會預算有浮報之嫌）等等的政治問題，都紛紛上了新聞。當時的社會風氣整體來說是相當嚴肅的，在那個時期，任何事情人們都會以認真的態度去對待；大家都希望一切都能保持在平穩的狀態。試想，在這樣的情況下，看到閃閃發亮或花枝招展的服裝，會有「好好看喔！」「真想買！」之類的想法嗎？如果真有人在當時推出金光閃閃的服裝，應該也不是完全忽視社會潮流，而是明明知道還硬著頭皮這麼做。意思是「反其道而行」的方法，在前幾年還是有人會拿這方法出來用。不過，一旦流行時尚圈開了太多戰場（推出太多多樣化的商品），就會被說「又想撈錢了」。

那麼，在時尚流行業界之中，到底有多少人能夠真正看懂社會潮流，並且早全世界一步推出新的服裝設計概念呢？以我個人的觀點來看，即使範圍擴大到全世界，人數也是屈指可數。在此簡單舉幾個持續這麼做的品牌大家就會懂了，像是打造 COMME des GARÇONS 品牌的川久保玲，或是紀梵希（GIVENCHY）、克里斯汀・迪奧（Christian Dior），以及重新打造 Maison Martin Margiela 品牌的約翰・加利亞諾（John Galliano）等。這幾位代表人物所提出的服裝設計相當前衛、相當新穎，不過絕非跟社會潮流對著幹。他們都是了解時代背景之後，以未來世界為目標，藉此創造出新的設計，等到後面的人開始追隨，就會形成趨勢。

這樣的現象並不侷限於時尚產業，在談論到相關話題時，大家都喜歡以音樂為例，比方說早期的披頭四（The Beatles）所發表的作品，幾乎只有情歌，歌詞重點也是 You and I、我喜歡你、你喜歡我之類的。不過一段時間之後，同樣是情歌取向的歌曲，歌詞中開始加入了 We，並且世界觀也跟著擴大了。這是因為當時全世界都掀起了反戰及反文化體制運動，歌曲也跟著同步了。就因為這樣，披頭四的歌曲廣泛地流行起來，還成為「代表一個世代的精神」而傳唱到現在。回顧他們的音樂就可以感受到，他們是從偶像明星或影視產業工作者，進化為有能力解讀時代背景或帶領趨勢方向的創作者。這也是我們常會將他們比喻為時代先驅的原因。

Notes

COMME des GARÇONS
創立於一九七三年，川久保玲在一九八二年勇闖巴黎時裝週，成為八〇年代改變時尚趨勢的設計師，當時她以解構身型、不規則剪裁、不合身型線條且低彩度的組合，轟動巴黎時裝週一戰成名。

克里斯汀 ‧ 迪奧（Christian Dior）
由法國時裝設計師克麗絲汀 ‧ 迪奧於一九四六年創立，一九四七年的「新風貌」（New Look）運用立體剪裁與馬甲式上衣凸顯女性腰線美、搭配深色百褶裙使整體造型更加優美，也成就Dior傳奇經典風格，至今 Dior 都是高貴與高雅的代名詞。

Maison Martin Margiela（二〇一七年品牌更名為 Maison Margiela）
一九八八年由比利時設計師馬丁 ‧ 馬吉拉（Martin Margiela）所創立，擅長不對襯剪裁與多種穿法，「透明」、「解構」為設計核心，品牌形象很低調，從不正面接受訪問，皆以書信往來，被媒體稱「時尚隱形人」。說 Martin 是時裝設計師，其實更像一位充滿原則的哲學家。

約翰 ‧ 加利亞諾（John Galliano）
一九六〇年出生英國的設計鬼才，有「無可救藥的浪漫主義大師」稱號，擅長以舞台戲劇性、浮華與性感剪裁聞名，操刀過 GIVENCHY、Christian Dior、Maison Martin Margiela 品牌，他專注於服裝作品本身，拒絕與商業妥協，是藝術性極高的設計師。

紀梵希（GIVENCHY）
一九五二年設計師 Hubert de Givenchy 成立，以典雅優美為設計重點，販售高級訂製服、成衣、鞋、皮革製品、飾品。一九六九年推出男裝系列「GIVENCHY GENTLEMAN」，一九八八年納入 LVMH 集團旗下，發展品項更加多元。

在時尚產業中，「前衛」並非等於藝術

扯遠了，把話題拉回來談時尚。我認為充滿才能的設計師，很有可能會因為「我所設計的作品是非常厲害的，看不懂的人肯定也不懂這個世界」之類的想法，開始變得孤芳自賞、自信過剩。基本上這樣的設計師會用自我保護的角度來看待批評自己作品的人，無可避免地，他們不久之後就會出現衰退，或是突然遇到經營上的困難等狀況。

總而言之，流行時尚產業所說的前衛，並不是像畢卡索（Picasso）或梵谷（Van Gogh）這樣的藝術家。以藝術領域來說，前衛指的是腦袋突然靈光一閃，發想出以前從來沒有見過或從來沒有想過的點子。但是，衣服是人們穿在身上的物品，也有人稱其為第二層皮膚，很貼近人們的生活，所以跟藝術的立場是完全迥異的。

前面所提到的川久保玲，據說是個很喜歡看新聞的人，每天的生活都是以看新聞的方式揭開序幕。所以，她所設計的衣服雖說非常前衛，在現今這個時代無人能出其右，但卻沒有完全忽視社會潮流脈動。

以前，在紐約時報所發行的「T：The New York Times Style Magazine」日文版「T Japan」上，曾為川久保玲做過一篇長篇報導。當川久保玲被問到「為什麼您喜歡非主流藝術？」她的回答是「那些非主流的創作者看得到我所看不到的東西，我很希望能借他們的眼睛來看看這個世界，太讓人羨慕了」。她當然很希望自己能有豐富的創造力，但更重要的是，她認為自己沒有辦法像藝術家們一樣，自由奔放地隨心創作。我想，那並不是謙虛之詞，而是真正的內心話。說到底，她的身分依舊是一個時尚設計師，而非藝術家。她不能放任自己自由創作，身為企業負責人，她必須有所自覺，並藉著行動來表達「我是對的」這樣的態度。

畢竟，流行時尚是一門生意。或許時尚跟藝術一樣，都具有能夠影響人心的特質，偶爾在人們沒有太多想法的時候，時尚跟藝術說不定會扮演同樣的角色。不過，流行時尚的產品大多是日常用得上的實用品，所以不管品牌推出多美的商品，最終還是會被市場實際需求所淘汰。

作品的存在價值不能光是依附在「外表的美」之上，如同柳宗理（日本設計大師的同名品牌）旗下產品實用及美觀兼具，就是最終的答案。由此可知，世界的脈動還是會對產品的設計產生很大的影響。

Notes

柳宗理

一九五〇年，柳宗理成立了 Yanagi 設計機構，一九五六年發表了「蝴蝶凳」（Butterfly Stool）受到國際矚目，並堅持以「手」進行設計，產品原型都是透過手工所製作的模型，且不斷思考修正而成的，他的設計國際獲獎無數，設計理念不只是呈現視覺上的表象，而是你在觸摸使用後才能體會的，他也是日本當代職人代表。

長裙誕生的背景因素

從政治情勢也可以看出時尚的精神，情勢如果傾向自由派，那麼時尚的角度就會變得保守；如果情勢陷入保守，那麼時尚就會趨於前衛的方向。所以我才會認為判定社會潮流的現況是身為一個設計者非常重要的一環。前面提到的「長裙」也是如此，為什麼長裙會開始流行起來？一定有原因。我們要做的就是去探究背後的真實狀況。

為此，創作者要蒐集各式各樣的資訊，像是社會目前現況如何、人們在日常生活中在意的點有哪些？更有甚者，對於發生在生活周遭的各種現象，該如何去解讀？在這樣的背景下消費聚焦在哪裡？用這些資訊來確立具體的主題方向。意思就是說，設計者會確切地抓住時代感，然後去思考什麼樣的服裝設計才能讓消費者掏出錢來買單。

例如，我在二〇一九年時認為灰色會大為流行，因此我在自己直營的「District UNITED ARROWS」商店，就打出了「Gray Grey」的秋冬主題。在那個時間點，雖說應該算是趨勢，但還沒有任何人提出灰色的概念。

那麼，為什麼我會想到要鎖定灰色呢？其實是因為我感受到當時美國總統的極端言論或以自我為中心的言行舉止，整體市場經濟氛圍都傾向於反對，而成熟的大人們全都會被嚴肅或理性的方向所吸引。灰色並不是什麼太華麗的顏色，而且是介於黑與白之間，從濃到淡的幅度相當大。因此我認為，灰色能對應到這個多元價值觀的時代，並且還具有嚴肅的特性，非常符合想要追求平靜與理性的心情。結果，灰色的商品的確在二〇一九年賣得特別好。

認為「沒有趨勢就賣不動」、或是盲目追求當下流行的人，往往會便宜行事、隨便找個答案的傾向。如此一來，當目前所流行的灰色開始退潮的時候，這類人就會開始思考接下來的流行色。然而，如果能真正理解灰色為什麼能夠熱賣的話，那麼接下來會流行什麼顏色應該也就了然於胸了。

學習直覺力

經常能比市場早半年或甚至一年以上抓出流行方向的話，或多或少就會開始有「接下來應該會流行這個」的直覺。其實環境總會有幾個徵兆讓人可以看出「市場將往這個方向走」。對於徵兆能不能敏銳地做出反應，並且自己究竟要不要相信那個徵兆，這對設計方向來說是非常重要的。

多年以來我也擔任採購的角色，基本上我從不曾在不知道一個商品究竟能不能賣得動的情況下，就抱持著「試試看」的心情去做。不管設計有多前衛，只要腦袋靈光一閃出現「這個該不會可以大賣吧」之類的想法，我就會相當重視，讓自己「向直覺學習」。如果有商品讓我覺得還不錯，我會緊緊抓住那個「還不錯」的直覺；接著，我會用客觀的角度審視自己「為什麼會在意這個？」進而對這個現象再做深入的研究及學習。也就是消化吸收並深入挖掘。越有更多證據能證明「自己的想法」，就會越覺得「這真的很好」，如此一來不僅能對自己投下同意票，還可以跟徵兆結合在一起，進而描繪出一個大方向。

舉一個最近的例子，我在一場新人設計師的競賽活動上，看到了歐內斯特· 貝克「Ernest W. Baker」（葡萄牙的時裝品牌）的時裝秀，當中有某個設計品深深吸引了我。先不說對方只是個默默無名的新人設計師，在那個時間點，場上展示的作品幾乎也沒有任何能跟「趨勢」搭上邊的單品，作為一個買家，如果光靠直覺就買進的話，風險是相當大的。不過品牌非常用心製作「Lookbook」（意指一鏡到底的拍攝手法，讓模特兒穿著設計作品，並顯示出明確風格的照片），比方說他們所選擇的模特兒就非常有氣質，還有照片所呈現出來的氛圍，在在都展現出強烈的次文化風格。

我向設計師里德 · 貝克（Reid Baker，品牌名 Ernest 是貝克的祖父名）詢問了設計的發想緣起，得知他非常喜歡大衛 · 林區（David Lynch）及安迪沃荷（Andy Warhol）等人，而且對於發生在美國郊區的危險事件特別感興趣…我深深覺得這跟現在日本的二十多歲年輕人會被六、七〇年代的反文化運動及次文化吸引的感覺是一樣的。最終我下單採購了他的新品，這無關品牌有可能是一個默默無名的新人，而是這個品牌將與年輕人產生高度共鳴，顯示其將會有很好的銷量。這就是「向直覺學習」的一個例子，並且也可以說是「對社會潮流的研究」產生了很好的效果，不是嗎？

很好的工廠、很好的質料，而且由經驗豐富的設計師擔綱主導，綜合了完整的條件，沒有任何缺點，但卻推出了無聊透頂的商品，像這種「反面教材」的例子也是所在多有。

一件作品如果連自己都沒有發自內心感到喜歡，通常是不可能賣得好的。所以我認為，儘管能以直覺挑選出「暢銷商品」，但在不知道孰好孰壞的情況下，盲目在市場推出服飾商品，一點都稱不上專業。

Notes

歐內斯特· 貝克（Ernest W. Baker）

由伊內斯 · 阿莫里姆 (Ines Amorim) 和里德 · 貝克 (Reid Baker) 所成立，二〇一八年 LVMH Prize 入圍受到許多時尚巨頭的讚賞，品牌以俐落的合身剪裁、歐式紳士及美式西部的混搭，融合現代、懷舊、叛逆，創造出男性優雅且趣味的形象。

以報紙及書籍為學習的基礎

另外，日常的「學習」也是不可或缺的。我非常喜歡看新聞報導，每天早上如果不翻閱報紙、閱讀新聞的話，就會像有東西忘了帶一樣感到悵然若失。我訂閱的報紙有一般類型和專業類型兩種。報紙全部都看完之後，雖然可能無法全部都理解，卻可以從中挖掘出許多線索，讓人了解世界目前是如何在運作，並且是怎麼構成的。

為什麼要看報紙呢？如果單純只是想要知道新聞消息的話，那麼看電視、聽收音機，或是在網路上瀏覽就很足夠了。但重點是，報紙不只會傳達事實，還會刊載各式各樣的輿論看法，並且針對一個主題進行探討。比方說關於某個東西，大多數的人都說是白的，只有少數的人說是紅的或黑的，但這些意見都還是會被採納並刊出，這就是報紙的魅力所在，也是其特徵之一。或者更可以說這就是報紙存在的價值。

用多元的角度去看待所有事物，我認為是非常重要的。

不過，「報導（或者也可以說是所有的事件）的中立性並非如此嚴謹」，但請大家不要對這句話有所誤會。基本上我認為要報導哪些內容、介紹誰的觀點，都是來自於有取有捨的選擇而已，真正重要的是了解不同的意見、不同的聲音。

住在海外的飯店或是搭乘飛機時，我也會看看報紙。在巴黎習慣住的飯店裡會有費加洛報（法國發行量最大的報紙）及紐約時報，時裝秀期間，我每天都會關注伸展台上的相關評論。即使我的法文並沒有那麼好，還是會透過串聯常見單字的方式把報導全部都看一遍。曾在「國際先驅論壇報」（International Herald Tribune 執筆長達二十五年，現在跳槽到「VOGUE」的蘇西 · 曼奇斯（Suzy Menkes），是我非常信任的重要資訊來源。另外，在紐約時報負責報導時尚流行新聞的凡妮莎 · 費爾德曼（Vanessa Friedman），對我來說就像是報紙領域的蘇西 · 曼奇斯（Suzy Menkes），她不僅認真深入調查內容，並撰寫出有觀點且具批判性的報導。我必須說很遺憾的是，相較日本的流行評論較缺乏自身觀點的報導，大多是事件描述或只是用專有名詞做排列組合。

書籍也是，我從很小的時候就愛看書，到了上國中的時候，因為發現了閱讀的樂趣，經常會到學校的圖書館，從書架的左邊一路看到右邊，把所有的書都看過一遍。長大後雖然有時候看書、有時候不看，不過我的人生之中已經歷經了好幾次閱讀熱潮。哲學家斎藤幸平曾與馬庫斯 · 加布里埃爾（Markus Gabriel，德國哲學家）等人對談，並將對談內容彙整成「未來的大分歧」（集英社出版）一書，我很榮幸從斎藤先生手中得到一本。

那時我才知道，原來他也是敝店「District UNITED ARROWS」的客人。我是從東京新聞的書評上看到這本書的介紹內容，所以就買來看了。擔綱主編的斎藤在書上的介紹照片中，身上穿的竟然是 COMME des GARÇONS 的襯衫，我當下覺得這個人真的是太帥氣了，而且書的內容真的很有趣，我在前往巴黎的飛機上一口氣看完。裡頭充滿對民粹主義及資本主義的施行，以及地球環境的問題，全都是我們該好好關注的議題，我心中的很多疑問，也在書中獲得了解答。雖然我並不是為了要找尋方向而逼自己捧著書看，但從每天閱讀的書裡面，的確能探究出設計的方向。

日前我剛看完詩人馬場あき子（Akiko Baba）小姐的「鬼之研究」（筑摩文庫出版）一書，書裡的內容觸及日本的傳說、古典文學及能劇等等的素材，範圍相當廣，而馬場小姐都以個人的角度進行分析，並且還出現了「反對霸權的思維都依附在鬼怪的世界」這樣的觀點，讓我大感興奮，一個勁看完，完全沉溺在閱讀的樂趣之中。我最近一直在探究薩滿及咒術與流行文化之間的關聯性，這本書因而成為非常重要的參考內容。

Notes

蘇西 ・ 曼奇斯（Suzy Menkes）
劍橋大學畢業，是記者、時尚評論家也是作家。曾任「泰晤士報」、「每日快報」、「紐約時報國際版」等時尚報導記者，二〇一四年加入「VOGUE」國際版的線上代言人，並擔任全球網站的評論家和記者。

凡妮莎· 費爾德曼（Vanessa Friedman）
生於紐約，曾擔任「InStyleUK」時尚專題總監、之前為英國「金融時報」、「經濟學人」、「ELLE」、「VOGUE」撰寫時尚與藝術的專題報導，二〇一四年加入「紐約時報」擔任時尚總監和時尚評論家。

斎藤幸平
日本哲學家，專研經濟思想史。精通黑格爾哲學、德國唯心主義、馬克思主義、政治經濟學。任職於大阪市立大學研究生院經濟系擔任副教授，著作「人新世の資本論」。

馬場あき子
昭和女子大學畢業，日本詩人、作家、評論家、教育家、歌手、傳統日式舞台劇作家。她是日本藝術學院的成員，也對「妖學」的民間傳說有很深造詣，她獲獎無數並被日本政府授予「文化功勳人物」。

美術館不只是舉辦大型特展的地方，同時也是在地的藝廊

我也常會去美術館走走，即使出差到其他城市時，也會順便到在地的美術館逛逛。倫敦的泰德現代藝術館（Tate Modern），是在二〇〇〇年為紀念 Y 世代而創立的，開館後不久我就前往參觀了，並且很榮幸地成為會員，直到如今我

依舊保有泰特的會員身分。另外，位於米蘭的 PRADA 集團所開設的美術館，以「奢侈品牌的從容及磨練」為發想依據，帶來戲劇性的衝突感受。對於這個時代的質問，以及用戲謔的觀點描述高知識分子對於消費社會或「品牌行銷」的觀察，每每都讓我大感震撼。

美術館或美術展往往都會如實地呈現或預設當下的時代，甚至是接下來的世代。比方說我去參觀梵谷（Van Gogh）或亨利・馬諦斯（Henri Matisse，法國知名畫家，野獸派的創始人）的作品展時，雖然心裡會覺得「這麼重要的大人物，且也不是目前還活躍於世的創作者」，但我知道真正的關鍵重點是讓人再次思考「為什麼現在要辦梵谷及馬諦斯的展覽」？這跟藝術巨擘的回顧展有些許不同，根據資訊收集方式的不同，解讀方面也會大異其趣。

近期我認為最有趣的展覽就是辦在維多利亞與亞伯特博物館的瑪莉官（Mary Quant）個展。瑪莉・官（Mary Quant）的展覽過去曾在各地辦過好幾次，主題幾乎都是「設計出迷你裙一舉改變時代的女性設計師」，所以這次去看的時候我也做了這樣的心理準備，沒想到卻是一場從瑪莉・官（Mary Quant）的企業家角度切入的展覽，不僅有那個時代的女性主義，也有獨立企業家的觀點，是非常新的切入點。

差不多也是在同一時期，倫敦的泰德現代藝術館展出的是奧拉維爾・埃利亞松（Ólafur Elíasson，歐洲知名裝置藝術家）的「In real life」個展；巴黎的卡地亞當地藝術基金會則舉辦了「Nous les Arbres/trees（我們樹木）」特展。兩場展覽的主題都圍繞著環境及社會。

類似的主題並不侷限於這兩個展覽中，事實上目前世界各地的城市美術館，展覽主題最顯著的潮流就是永續性，也就是「永續存在的人類社會」。如果不重視環境問題，那麼人類可能就無法繼續住在地球上了，因此這是非常重要的議題，對消費生活也是會有影響。

透過美術館的展覽來展示時代感是最好的方式，不過我認為並不需要每次都採用大規模的企劃，可以選在地方感強烈的小型博物館或畫廊舉辦，在那樣的場合應該更有機會發表一些不曾大肆公開的作品，而觀展所帶來的刺激也可以為接下來的潮流找到一些線索。

Notes

瑪莉 ・ 官（Mary Quant）
英國知名設計師，有「迷你裙之母」的稱號，一九六六年創立了她的同名品牌 Mary Quant，在保守的六〇年代推出第一件迷你裙，重新定義女性裙長風靡全球。為英國文化革命的先驅者，並獲頒「英國王室勳章」，現今服裝品牌已淡出市場，轉由女性護膚和彩妝系列為品牌主力產品。

奧拉維爾 ・ 埃利亞松（Ólafur Elíasson）
當代藝術家，以雕塑和大型裝置藝術聞名。他常以空間、水、光、色彩來創作，去思考氣候變遷與環境保護的議題。他的藝術展至今已吸引超過兩百萬人次觀賞，成為史上最受歡迎的展覽之一，他深信藝術是一種力量能夠改變社會。

在異國的街道散步，藉以窺見人們真實生活

我為了工作經常到國外出差，而旅行中最重要的心得都是由「靠自己的雙腳到處走一走」而來。歐美等國家的城市，基本上只要有地圖就可以到處晃晃，因為幾乎每一條馬路都有名字，手裡拿著地圖就可以用搭乘地下鐵、巴士、市區電車，或是用徒步的方式到任何地方去。搭計程車是點到點之間的移動，感覺上比較片面，但若是搭公車或走路，就可以將兩點之間連成一線，因此更能確切地感受到城市的規模與實際氛圍。「去程跟回程就走在不同邊」，這也是我的作法之一，去程若是走在馬路的右邊，回程就走馬路左邊，用這樣的方式，即使走在同一條路上，也可以有很多不同的發現。

我往返日本、巴黎已經有三十年以上，不過每次去巴黎，我都會盡量不搭計程車，以地下鐵或巴士到處移動。如此一來不僅能夠節省經費及時間，最重要的是可以讓我記住路線。用自己的雙腳去行走，巴黎就會變得像是「我自己的城市」一般。

不只是巴黎，我目前去過的許多城市，包含倫敦、都柏林、巴塞羅納、伊斯坦堡、安特衛普、布魯塞爾、鹿特丹、上海、紐約…每一座城市都有巴士系統，因此都可以用最短距離前往想去的場所，交通非常方便。搭乘巴士或地下鐵在城市穿梭，能讓人了解非常多事情，像是歐美獨特的區域人種、階層、職業等等的不同之處，還有各個地區的特性，也就是城市在發展過程中所產生的變化。當然人們的對話與表情，也能藉由移動過程觀察到。流行時尚的工作基本上就是將服裝的設計提案給有需要的消費者，因此我最想要深入了解的就是與人相關的事情。想要了解人們所住的城市及生活方式，最好的方法就是靠雙腳去走。用走路的方式定點觀察世界各地的店舖，已經成為我的個人成長妙方。

另外一個我一定會去的地方就是書店。最近，逛書店或咖啡店所帶給我的靈感，比逛服裝店要來得多，以觀察人的角度來看，兩個場所都是肆無忌憚地觀察氣質出眾或具有明星特質的人們最佳的場所。

造訪我喜歡的店家時，如果有機會跟店主聊天，我一定會說幾句稱讚對方的話。優質的店家具有一種吸引力，即使再小間，就是會散發出「僅此一家別無分號」的特殊氛圍。比起流行品牌或是匯集人氣商品的店家來說，我更喜歡去逛「挑選與自家店氣質相符的商品」或「獨家創造的擺設」這樣的店家，每每去這樣的店我都會很開心，並且會以「購買商品」的方式來表達對店家的敬意。更重要的是，我還會不斷給予讚賞，我想店裡的人應該會喜歡像我這樣的客人吧？如此一來我也就能從他們身上獲得更多的祕密資訊。

站在消費者的角度著想，就能開創最有效的行銷

雖然這是我自己的個人觀點，但我認為最有效的行銷企劃是「站在當事者的角度思考，並且盡可能地貼近對方的生活」。如果你要開發洗衣精，自己一定要洗一次衣服看看；想要生產零食甜點，就一定要試吃看看；若是時尚流行零售產業，就要自己購買商品，並且樂於沉浸在時尚的氛圍裡。如果不這麼做的話，恐怕難以理解一般人的心情。

可能有人會覺得「這不是理所當然的事情嗎？」不過我必須要說，公開表示「無法理解我的服裝設計概念的人，是素養很差的一群。」的設計師，或是只會看服裝銷售數字的經營者，真的比比皆是，而且他們都會抱怨：「是因為景氣不好，所以衣服才賣不出去。」重點就在於，他們無法理解掏錢買商品的人內心有什麼期待。我自己也是服裝的供給者，不過我個人很喜歡華麗的裝扮，去思考自己接下來「要穿什麼出門」，對我來說是一種前進的動力。

我每年都會對自己的衣服進行一次大整理，比方說原本以長袖或短袖來區分的襯衫，變成以顏色來做分類，或是用品牌來當作分類基準。其他的品項也是如此，原本若是根據穿用的頻率來區分，將常穿的放在前面方便拿取，某天也會被我改成用質料來做分類。如此一來，與現在的風格完全不同的衣服就會冒出來，有些陷入休眠狀態已久的品項，也會因此再次重返第一線閃閃發光。我也可以藉此有新的發現、新的評價，並湧現出新的喜歡之情。

像這樣重新整理所有衣物，也可以看出自己內在的一些新的傾向。某一年年末，我在整理襯衫時就發現一件事——「我的西式襯衫似乎越來越多了。」那年秋天，我喜歡上 TOGA（日本設計師古田泰子個人品牌）這個品牌，買了不少他的西式襯衫，並且經常穿。過了一陣子之後，我想起 ENGINEERED GARMENTS（日本設計師鈴木大器個人品牌）有推出青年平織布的衣服，就立馬出發過去買，這才發現到不管哪一家店，架上幾乎都是西式襯衫。類似的

事情反覆發生好幾次，結果我的一個抽屜裡面就全部都塞滿了西式襯衫了。我分析了自己一連串的行為，得到了「就連我這個專業人士都如此喜歡，表示西式襯衫正在大流行」這樣的結論。

由於喜歡且想要的是我自己本人，所以如果單純只把這一切歸在喜好問題，那就沒有後續可言了。然而我會把自己當成研究對象，分析自己對於購物的熱情，深入挖掘思考方式、嗜好、興趣等等，這就是行銷企畫該下的研究工夫。

試著以「我喜歡那個」為基準，挑選出一個自己喜歡的特定品項，然後到各式各樣的店家去進行確認，光是這樣就能看出市場的其中一面。大家都會擺上架的品項是什麼、沒有人要買的品項又是什麼，細節或價格的差異，市場所欠缺的品項⋯

我真心地說，每個人都是非常有影響力的評論員，大家一定要把這件事放在心上，有機會就多做分析、多發表意見。

Notes

TOGA
一九九七年創立，古田泰子的個人品牌 TOGA，她曾在川久保玲旗下工作，擅長前衛混搭、異材質拼接、解構、古著等手法，打造出優雅、狂野的都會氛圍。二〇二一年與 H&M 聯名推出「TOGA ARCHIVES X H&M 系列」，是人氣直線上升的亮眼品牌。

ENGINEERED GARMENTS
一九九九年由鈴木大器所創立，品牌以美式 Outdoor、經典工裝、運動休閒為主軸，有別於時裝品牌的合身剪裁，版型跟尺寸更偏向符合一般人穿著，二〇一四年受邀跨界打造知名「一風堂拉麵」制服，顛覆大眾對於工作服的既有概念，二〇一九年與 UNIQLO 第二次聯名，也造成一波搶購熱潮。

從賣得最好的尺寸也可以看出流行的變化

到目前為止，我都會在每年新春開店的第一天，親赴 UA 的實體店面現場。這麼做能讓我確切感受到世界的脈動，別的不說，光是從賣得好的尺寸就能看出些流行趨勢的端倪。

二〇〇〇年初期，海迪 • 斯里曼（Hedi Slimane）創立男性專屬的迪奧品牌「DIOR HOMME」時，UA 是日本第一間引進的通路。他所設計的衣服最大的特色就是窄版，不過當時並不是只有 DIOR 如此，SML 等尺寸的服裝中，幾乎都是 S 號賣得最好。那個時期的男性消費者喜歡的是窄版的衣服，因此 UA 自己推出的服裝也是以窄版為主。那一年的一月，店頭開始進行銷售之後，架上幾乎都只剩下 L 號，這就是海迪所掀起的潮流。不過到了某個時期，S 號雖然也會售罄，但令人意外的是 L 號也開始賣得動了，甚至到了近幾年，反而是 S 號會剩在架上。

雖然這件事可以視為流行時尚的輪廓，不過我認為也跟壓力及紓壓有關連性。現今的社會壓力沉重，大家都會想要紓壓，因此就會想要穿寬鬆一點的衣服，不想穿太緊身的。

這類的流行趨勢，的確有部分是來自製造商催化的，不過當然消費者也會給予反饋，因此我們也才能實際感受到「世界的風向正在改變」。所以，流行是必須要經常互動交流的，不可能是單方面的輸出。先前我提到的灰色能夠大賣暢銷，也是同樣的道理，因為我們出來倡導灰色，所以就跟著會有穿灰色衣服的人，但想必也有些人是在無意識的狀態下感受到灰色的魅力，因而開始穿起灰色的衣服。消費者也是影響社會潮流很重要的一個因子。

我的工作內容從採購、掌握方向，一直到品牌戰略的制定都涵蓋在內，要把這些工作做好，最重要的要素我認為就是「溝通」。多聽國內外、公司內外的聲音，用多元的角度去看待事物，並且重視批評的意見，多多理解社會潮流，用肌膚去感受真實。

我覺得溝通可以說是流行時尚從業人員必備的特質。

Notes

海迪 · 斯里曼（Hedi Slimane）
一九六八年生於法國，是攝影師也是時裝設計師，熱愛人像黑白攝影，二〇〇〇年他擔任 Dior Homme（Christian Dior 的男裝品牌）的創意總監，轟動整個時裝圈，就連香奈兒老佛爺卡爾· 拉格斐（Karl Lagerfeld）都表示為了穿上 Hedi 設計的「Skinny」而減重，二〇一二至二〇一六年，他擔任伊夫 · 聖羅蘭（Yves Saint Laurent）的創意總監，之後二〇一八年成為思琳（CELINE）創意總監至今。

Dior Homme
Christian Dior 旗下的男裝品牌，二〇〇一年由海迪 · 斯里曼（Hedi Slimane）擔任男裝首席設計師，以超窄版「Skinny」系列，蜜蜂刺繡襯衫、劍領西裝外套、鋁合金墨鏡等單品席捲時尚圈，或許是 Hedi 當時太成功了，導致後來接手的設計師都黯然失色，目前品牌由有聯名之王稱號的基姆 · 瓊斯（Kim Jones）擔任品牌創意總監。

充滿好奇的赤子之心就是創意的原動力

這樣的工作反反覆覆做了四十年，我就這麼成為流行銷售的專家。正確來講，我認為應該是「被稱為專家的業餘愛好者」。如果專家等級需要具備的是技術，那麼業餘愛好者須具備的就是好奇心。什麼讓人感到有趣、什麼讓人滿懷感動、忍不住想追著美麗的事物跑，這種像孩子般的好奇心及追根究底的企圖，就是積極的業餘愛好者不斷向前的原動力。

從小我就是一個好奇心旺盛的人，經常會邊走邊撿路邊的東西，口袋裡總會裝著顏色很漂亮的石頭，或是閃閃發光的金屬片零件，以及印刷物的斷片、飲料的瓶蓋、釘子或木板…等，雖然淨是些派不上任何用場的東西，但卻都是我的寶物。小學時有一次，班上的導師叫大家「把口袋裡的東西全都拿出來放在桌上」，當時我就成了全班的焦點人物，因為我口袋裡的東西好像永遠都掏不完。除此之外，我也是一個非常喜歡幻想的小孩。

當然，現在我已經不會再亂撿東西了，但我在日常生活中還是會像一台行走的掃描器一樣。去美術館參觀、去看電影、去唱片行等等的地方，我都會「撿」回好多東西。去到國外的露天市場也是如此，我就曾在安特衛普找到一九三〇至四〇年代的繪圖樣本集，我想，它有可能會在未來的某個時間點顯現出它的參考價值，所以我就買回家了，兩本五百日元左右；另外，在倫敦的斯皮塔佛德市集（Spitalfields），則是買了兩條迷幻風格圖案的領巾，花了一千日元；還有一件白色的牛仔外套，也是在斯皮塔佛德市集買的，這就高級了一些，要價三千日元。後來這件牛仔外套成了我們公司商品的範本，確確實實地發揮了它應有的價值。

人類為大人及小孩畫上了明確的界線，連我自己也常會使用「大人文化」或「小孩文化」這樣的表現方式。不過基本上，每個人都希望可以一輩子玩得開開心心…因此，我認為，想在流行時尚圈打滾，無論如何都還是要充滿好奇心及樂於享受幻想。

Notes

斯皮塔佛德市集（Spitalfields）
是一個歷史悠久位於東倫敦非常有名的市集，這裡販售有各式各樣的創意商品、藝術品、古董、二手商品等，也因這種獨特性，常聚集不少設計人士、時尚潮人與媒體。

流行時尚與永續性

話說回來，站在解讀社會潮流的角度，我們來思考「關鍵字」的問題。我的態度還是一樣多一「學習」，用學習的角度將社會現象、風俗習慣與流行等等的大眾文化、音樂，時尚乃至於時尚消費等等的關鍵字，全都一起統整起來。比方說談到八〇年代的主題，就會浮現嘻哈音樂、塗鴉、MTV 等等的詞彙，從中可以確切地感受到那個時代的流行文化方向。

現今這個年代，讓人感到最重要的關鍵字有三個，分別是「永續性」、「個性化的時代」以及「西方的價值觀」。為什麼永續性會列入其中呢？我在前面的內容也提到，永續性在美術展領域也是最重要的關鍵字，而且近期在女性雜誌封面上，也都可以看到永續性這個關鍵字，代表人們對於生活整體，乃至於社會責任，都越來越重視。

在這樣的時代之中，我必須非常遺憾地講，時尚產業依舊是地球排名第二糟糕的產業，僅次於能源產業。比方說棉花，穿上去的感覺是很不錯，但栽種棉花會對土壤造成莫大的傷害，並且也需要大量的水。衣服的染料大多也都具有毒性，因此在處理過程中會造成河川及土地的汙染。再加上不在高溫的環境下，棉料衣物就無法完成染色，對於地球的暖化也帶來負面的影響，也因為高溫染色所排出的煙造成空氣汙染。

那麼，因為羊毛是出在羊身上，所以就比較符合環保意識（eco-conscious）嗎？其實不然，因為羊隻的打嗝排氣會對臭氧層造成破壞。牛隻的打嗝排氣也是如此，它們會排出大量的甲烷氣體，這件事會被專家批評為「加速地球暖化的速度」。

快時尚的問題也是如此。關於快時尚，我會在後面詳細說明，不過我必須要說，對於「穿過即丟」的穿衣思維，我是持反對意見的，況且，快時尚製造商為了降低成本，幾乎不會使用天然的材料，大多都是採取聚酯纖維或尼龍等等的化學纖維，如此一來，被丟棄的衣物即使埋進土裡也無法快速分解，明顯會對地球環境帶來破壞。大量生產下的衣服如果賣不出去，就會舉行跳樓大拍賣，不然就是以「一整箱論斤便宜賣」的方式送往發展中國家，有些也會直接燒毀處理。這樣的現象不只發生在日本，因為留在倉庫沒賣出去的庫存，根據規定是必須要課稅的，所以最後只能燒一燒了，這是資本主義非常糟糕的法規，但世界各個大國幾乎都有類似的規定。

在奢侈品牌方面，因為降價求售會導致價值下降，所以這些品牌一直以來也都有燒毀商品的流程，這是相當令人感到衝擊的事實。遺憾的是，這些問題的發展已經到了時尚產業不得不正視的地步了，今後如果希望消費者願意買單，就必須要將永續性列為企業發展的重要條件。

個性化時代＝多元化

緊接著要談的是個性化時代，意思跟多元性是一樣的。我認為接下來具備多元化特性的產品，將能夠在市場上脫穎而出。其中之一就是性別意識方面的多元發展。比方說運動領域，跟以前的年代比起來，現在有很多運動員在性別意識方面已經有所覺醒。例如二〇一九年的世界盃女子足球公開賽，美國代表隊的隊長梅根・拉皮諾（Megan Rapinoe）就公開出櫃表示自己是女同志，而且有相愛的伴侶，她們兩人都長得非常漂亮。政治方面，決策明快的唐納・川普就是最好的例子。另外，美國有次發生了白人警官對非裔的非洲年輕人折磨至死的事件，看來種族歧視的議題依舊持續發燒中。二〇一六年，梅根・拉皮諾就曾以白人女性運動員的身分，在賽前齊唱國歌的時候以單膝跪地的姿勢拒絕接受，藉以對差別待遇表達抗議，後來她還跟川普在推特（Twitter）上唇相舌劍、爭論不休，川普最後直接撂下一句「要抱怨之前先拿到勝利再說吧」。結果二〇一九年的世界盃，梅根真的拿下了冠軍，而且她還是年度得分王，並獲選為MVP，帶著滿滿的榮耀凱旋歸國。不過當時她還是對外表明「即使白宮邀請也不會去」。真的好帥啊，居然可以在拿出成績後，毫不隱諱地將想說的話都說出口。看到她到目前為止仍相當活躍，就可以確認現在真的是個性化的時代。二〇二〇年羅威（Loewe，西班牙奢侈品牌）的春夏新品宣傳海報上，也能看到她的身影。

至於身體上的個別差異，雙腳皆為義肢的藝術家片山真理是代表人物之一。她曾出版過寫真書，而且書名還取為「GIFT」，因為對她來說，天生的殘缺就是一個禮物，是她獨有的「特質」。

近年來，在電視上出現了不少身材肥胖並對外宣稱「我很醜」的明星藝人，這些藝人不約而同受到了觀眾的喜愛與歡迎。能大方地展現出最真實的樣貌，是一件非常棒的事情，即使用這個來當作賣點，我也覺得沒什麼不好。

另外，攝影師蜷川實花在「GO JAPAN」這本免費的雜誌上擔綱創意總監，並為帕拉林匹克運動會上的身障運動員拍攝人物寫真。照片裡，沒有左手的運動員在殘肢上穿戴了皮革裝備，看起來真的非常帥。感覺就好像「來自另一個次元」似的。當然，社會對於身障人士必須要建立支持及補助的制度，不過這並不是因為他們讓人感到同情，或是需要額外的幫助。二〇一九年夏天，有兩位重度殘障的候選人在參議院的選舉中脫穎而出、順利當選，這樣的事實讓人再次感受到個性化的時代真的已然降臨。每個「不同之處」都可以是耀眼的亮點。

順帶一提，當選人之一的舩後靖彥，每次在參議院亮相時都穿得非常體面帥氣，我認為那就是「服裝的力量」。

Notes

梅根 · 拉皮諾(Megan Rapinoe)
一九八五年出生,美國職業足球員,效力於國家女子足球聯賽西雅圖帝王足球俱樂部,出任隊長。為美國贏得二〇一五年國際足總女子世界盃冠軍、二〇一二年倫敦奧運會金牌和二〇一一年國際足總女子世界盃第二名。二〇一三年獲得洛杉磯同性戀中心董事會大獎,並參與服裝公司 Wildfang 和耐吉的多支宣傳片。

羅威(LOEWE)
一八四六年創立,早期生產皮箱、皮件、畫框等,logo 是由四個大寫的 L 組成,創新、極致工藝以及對皮革的卓越追求,是品牌不變的核心價值,現為 LVMH 集團旗下品牌,並由設計新星喬納森 · 安德森(JW Anderson)操刀帶來年輕化的品牌風貌。

蜷川實花
一九七二年出生,日本當代知名攝影師、導演,她的作品辨識度很高,顏色飽和且繽紛,花、金魚、蝴蝶、昆蟲都是她常取材的對象,也常受邀拍攝明星與藝人,電影代表作有「惡女花魁」、「惡女羅曼死」、「人間失格」,近期與 NETFLIX 合作「華麗追隨」。

西方的價值觀將走入僵局

第三個重要的關鍵字是「西方的價值觀」,我之所以會說西方的價值觀陷入了僵局,是因為向來受到歡迎,且始終站在流行尖端的西方思維,慢慢開始有消費者認為已經「受夠了」。最明顯的例子是奢侈品牌的銷售量已經開始下滑,過往,奢侈品牌在挑選設計師的作品時,都只著重在「能不能掀起話題」,只要能引人注目就足夠了,至於該設計師是不是真的有才華,是不是真的創造了新的美學高度,則不是重點所在。因此,設計師們往往絞盡腦汁,但資方卻只會一味地說「沒有什麼感覺」、「又在玩同樣的遊戲了」。

以前,時尚資訊網「WWD JAPAN」曾刊文討論過「流行是什麼」,流行的詞源含意是「任何人都能理解的標誌」。爵士樂領域也有「流行的演奏法」,就是不照按既有的和弦，自由自在地彈奏，然後跟著樂團一起合奏到結尾的彈奏方式。時尚兩字所代表的意涵是，「藉由衣服讓多數人在美的想法上達成共識」，最簡單的說法就是「流行」。

這個詞語必須要用「特權階級及非特權階級」來說明才比較清楚。一開始時尚是為了確保某些人的特權才出現，或許也可以說是由「特權受到保護」的形式而衍生出來的。王公貴族的服裝及近代資產階級的服裝就帶有特權意味，也就是高級訂製服及小量生產的限量成衣。高級訂製服顧名思義就是「個人客製化的服裝」，而限量成衣則是「可以進行部分量產的好看設計」，並在能夠小量生產的機制下誕生的，不過儘管是量產，但限量成衣依舊價格不斐，並非人人都買得起，所以仍然算得上是一種特權。

如果說這是歐洲的一種社會氛圍，那或許可以稱其為階級或等級。優雅及品德是人類的本質，也是普遍的價值觀，所以無論時代如何變化，都應該還是會繼續傳承下去對吧。然而特權卻被時尚所制約，把每個人都認得出來的品牌 Logo 穿在身上，基於共同認識的關係便聚在一起做生意。一九八〇或九〇年代為止，特權人士們所穿的衣服，都會受到沒有特權的一般人投以羨慕眼光，時尚的特權性質，就是這樣確立下來的。

然而到了二十一世紀，世界進入了數位時代，社群平台越來越發達，大家對於擁有特權的人，或是遙不可及的貴族，都改變了看法。名流（Celebrity）這個詞原本的意思是「受到祝福的人」（Celebration），也就是擁有特別的能力或價值的人們。不過由於日常口語越來越簡化，Celebrity 漸漸簡化成 Celeb，念起來就輕便多了。近年來，Celeb 這個詞頻繁被用到，意思是有名且外表亮眼的人們。就如同一位在業界工作多年的朋友所說，「就是因為有錢的二代公主或是一夜聞名的小混混，紛紛開始戴上名人的頭銜，所以時尚業界才會開始走入敗亡。」或許真是如此。

在這個 Facebook 及 Instagram 橫行的時代，「我最特別」、「只有我能享受高級品」、「只有我能進入美麗的世界」…這些想法都像白日夢一般不切實際。正因為如此，特權可以說已經蕩然無存，也就是說，再也沒有人受到特別的祝福眷顧，流行早已不是什麼神聖不可侵犯的領域，只要不管其他特權什麼的，就都沒有了。也就是沒有人被祝福的狀態，只要有名，誰都可以進去。

流行的終點

經過一連串的演變，新的時尚部落格冒出頭了，那是二〇一〇年以後相當的社群網路平台。當時的部落客，只要在街上看到穿著打扮非常光鮮亮麗的人，就會用相機拍下來，並在加添一點自己的意見或想法之後，發表在網路上。這樣的照片作品被稱之為街拍（Street Photography）或抓拍（Street Snap）。而且這也催生了新的職業，有不少人非常專業，甚至還為自己開創了可以好好發揮的領域。他們會以「我最先發現的」、「我最先關注的」之類的說法來確保自己的地位。大家爭相去看他們的網頁，甚至還有贊助商進駐。一個新的商業模式儼然成形。

時尚部落格的始祖是來自美國的斯科特 ・ 舒曼（Scott Schuman），他將世界各地拍到的街拍作品放到自己創建並運營的「The Sartorialist」網站，後來作品還集結成書出版了。

斯科特成功的原因是他擁有在服飾業門市工作過的經驗，非常了解時裝產業。他具有衣服的結構、材料，版型及各項細節的相關知識，而且還有相當獨到的審美觀，總是能挖掘出非常有特色的模特兒，所以常會被說「斯科特所拍的人，氣質真的都不一樣」。他就這麼一夕之間成為人氣爆棚的部落客。

當時有個風氣，就是某些特定人物所支持的觀點，很快就會得到多數人的附和，人們紛紛搶著表達「真的很不錯耶」之類的評論。

在這個流行趨勢中，斯科特屬於第一個世代，不過在他之後接棒的第二個世代則變得「越是有名就越容易被誤解」，不管是拍攝的人或被拍的人都是如此，而且誤解還會不斷擴大。把「拍攝照片」當成主要目的，有意識地盛裝打扮之後抵達任何活動的現場，華麗登台後拍下照片並開始上網宣傳，這樣的手法越來越流行。緊接著，有越來越多人開始認為自己「只要能被注意到就夠了」，這類的部落格越來越氾濫。對他們來說，能不能出名、能不能形成話題，才是關鍵重點。在這樣的強勢浪潮下，原本 Sense 好壞的價值基準點全都崩壞了。

這種時尚部落格的風氣大概維持了有五年左右，後來有越來越多人開始加入接拍的行列，發表作品的人越來越多，因此再也沒有誰拍得特別好的問題了。當然，第一世代到如今多多少少還是保持著一些聲量，但早已沒有壓倒性的影響力了，創始世代的價值已然變淡。不久後，Instagram 的時代來臨，街頭抓拍然後寫點意見的作法已然式微，網友們幾乎都傾向發表自拍的照片，這樣的使用者應該占了大多數吧。結果，原本的資訊金字塔型態，也就是等級越高的人所發表的貼文，會被多數人看見的模式，已經轉化為貼文發表者與貼文觀看者大量共存的結構。同時，好不好看、有沒有名氣等等的價值觀也崩壞了，流行時尚或風格已然沒落，現在的狀態就是齊頭式的平等。人人都覺得「我認為這個最棒」，十個人就十個意見、一千個人就一千個想法，這些全部都會發表出去，而且也會有同樣多的人接收看到。我想，大家應該都樂在其中吧。

Notes

斯科特・舒曼（Scott Schuman）

一九六八年出生美國，知名部落客與時尚攝影師，是 GQ、VOGUE 等各大媒體常合作的攝影師，有「街拍之王」的稱號，二〇〇五年創立 The Sartorialist，目前是全球點閱率極高的時尚部落格。

哪一個詞將取代「流行」？

以目前的狀況來說，流行一詞已經被拋棄了。原本，流行是特權階級及非特權階級的分辨依據，但這樣的代表性已經不復存在，因此我們可以說流行已經走到了盡頭。日本的服裝業界人士常會說：「沒有大的趨勢，服裝就賣不出去」，或是「年輕人都變得不買衣服了」、「年輕人對衣服不感興趣」等等，想藉此將問題歸到世代差異的論調去。衣服賣不出去的確是跟事實相符，當然過往的年代也的確具有比較明確的流行趨勢，比方說二〇〇〇年初所流行的「森林系女孩」就是最好的例子。以「自然風格」為原則，大量使用波浪邊及蕾絲元素，這類能夠顯現少女情懷的衣服賣得相當好。這就是一種趨勢，跟著一起穿的人也在趨勢之中。

御宅族也有過領銜趨勢的時代，AKB 等少女團體當然也有不小的聲量，但近年來所流行的事物幾乎都是由御宅族所帶動。然而，御宅族所提供的趨勢素材也已經挖掘殆盡，況且，以御宅族為主流的話，那就一點都不宅了呀！

結果，前面所談到的那些較顯著的趨勢，現在也都漸漸沉寂了，如今的社會現況是各式各樣的要素同時存在的多元狀態。

不過，並不是說趨勢混沌不明、讓人摸不著頭緒，喜歡打扮的人就會因此減少。偏好華麗衣服的人還是有很多，積極購買衣服的年輕人也依舊存在，這一點是不會變的。的確，整體來說大家是變得不愛買衣服了，但那是因為「買衣服這件事並非流行趨勢」而已不是嗎？畢竟「緊盯流行焦點或追在潮流後面跑」，並不能算是趨勢。最近我常說的一句話就是「Fashion system kills fashion」，意思是流行業界的運行系統，已經扼殺了流行本身。供給端無法提供有趣的設計，完全只靠盲目猜測的方式推出一些似乎「很流行」的商品，並認為一定賣得出去。然而，如果只因為大多數企業都推出了同質性的商品，所以就認為那是趨勢，那可就大錯特錯了，充其量那也只是同質化的結果而已。

那麼，有什麼詞能夠取代「流行」呢？我認為「多元性」就很有機會。最近真的很常能聽到這一個詞。雖然目前感覺好像有點在唱獨腳戲，大家都不太理解多元性的意涵，但如今多樣化發展的社會，各式各樣的發言者及受眾都有表現舞台，這就是社群媒體時代最自然的呈現不是嗎？

因此我認為，感嘆「沒有什麼商品可以暢銷熱賣」、「不再有熱銷商品」真的有點奇怪。就像梅根・拉皮諾（Megan Rapinoe）這樣的運動員，或片山真理這樣的藝術家們，她們在世界上非常活躍，佔有一席之地，表示我們應該要用更高的角度來看待「多元性」或「美的價值觀」，讓意識範圍再更擴大一些。

在這樣的過程中，擁有白皙皮膚、纖瘦身材或是巴掌臉的人，已經漸漸不再具有優勢，置身時尚流行業界的感受更是明顯。我們要推出什麼樣的商品才能引起消費者的共鳴呢？要打開新的市場的確不是一件容易的事，但卻相當令人期待，因為這就好像讓 UA 從零開始一樣。

Notes

森林系女孩
簡稱森女，來自日本社群網站 mixi 的一個名詞，是指「像生活在森林裡的女孩」，衍伸出一種女性的生活美學，服裝特徵天然、純潔、隨性、大地色、民族風等，貼近森林裡輕鬆愜意的風格，代表人物如：女星蒼井優和宮崎葵。

御宅族
日本社會在八九〇年代衍生出一種御宅族文化，普遍的定義就是對動漫、明星、偶像、電玩、模型等流行文化著迷的狂熱份子。從初期的小眾，進入二〇〇〇年後御宅族伴隨著萌熱潮崛起，此類商品與日俱增，除了日本以外也影響許多國家，如今御宅已成為一種不可忽視的產業。

片山真理
出生時因為欠缺脛骨，雙腳嚴重內彎，左手只有兩根指頭，因外觀上的差異，小時經常被欺負。在東京藝術大學時便開始創作之路，從縫製布料與填充物的手腳按照自己被截去的腳的比例來製作，再擺放在她的截肢處拍照。透過許多展覽，她殘而不廢的精神啟發感動了許多人，並在國際上成為高度影響力的藝術家。

Chapter 02
Work →
我在 UA 的工作

從零開始

一九九〇年一月，UA 剛成立沒多久，我首次以採購的身分到國外出差，地點包含巴塞隆納、都柏林、米蘭、巴黎、倫敦等。當時同行的還有一起創業的夥伴們。第一個預定要拜訪的對象是我們在「BEAMS」工作時的合作廠商。我們打算以新公司成立為由做個拜訪，同時委請對方提出新的合作條件，然而對方卻拒絕了。我想，他們心裡的想法可能是「你們都已經離開上一間公司，所以沒辦法繼續合作了」、「你們這些離開 BEAMS 的人…」

儘管我們都說了「有什麼事先碰面再聊」，然而答案依舊是 NO，同行的年輕採購 A 小姐當下感到非常忿忿不平，甚至還哭了起來。

事實上，從以前到現在，各家企業的採購之間就有一個不成文的規定——「即使我們早一步接觸了某一個新創品牌，也絕不能擅自主張對該品牌擁有獨佔權。」因為這麼對後續接洽的人並不公平，而且也非常失禮。另一方面，新的品牌若是能得到各家通路的支持，整體來說效果會更好。

一開始我們真的處於慢慢摸索的狀態，幸好，我們的開店構想很有創意，而且在上下游交易方面也聽取了非常多的意見，所以算是有了個不錯的起頭，不過當然，要說是順風順水那還差得遠。然而，就某個角度而言，我們的確是學到了「最強的觀念」。UA 的創社社長，也就是現任的名譽會長重松理，在創辦 BEAMS 的時候也是從零開始的。因為 UA 的創立過程我也身在其中，所以非常了解，在當時的狀況下，能夠從一無所有慢慢開拓起來，真的非常厲害。一開始我們根本就是跟風險比鄰而居，但卻離其他相關企業非常遠，總之就是處於比賽前的緊張狀態，能夠頂得住真的沒話說。

就這樣，UNITED ARROWS 涉谷店在一九九〇年七月正式開幕了，這是 UA 的一號店，地點就在神宮前六丁目的明治通大道上。我們的想法就是將國外所看到的一些範本，直接搬到日本來重現。

一號店是一棟兩層樓的建築，樓地板面積上下加起來超過一百坪，一樓的天花板高達四公尺，震撼度相當高。另外，牆壁與地板都用了品質最好的建材。室內裝潢方面可說是非常用心，不僅家具從國外進口，就連配件展售間的窗簾以及綁帶，也全都從國外買進。

店面創業之時，我們所有元老全部都穿了深藍色的西裝外套來迎賓，國外的老店有的還會穿愛馬仕（Hermès）或普拉達（PRADA）的衣服來當作制服。穿著制服工作是我們的堅持之一，因為那個狀態可以讓我們確切感受到「這就是我的工作」，進而激勵我們認真待客。

我們店的主題是「進化的老店」，基本上老店如果沒有與時俱進的話，很容易就會被淘汰，所以真正優質的老店經常會針對現況做出調整改善，我們就是要以那樣的老店作為發展目標。

在會議上經常會被我們提及的「老店進化中」最佳典範，就是和果子專賣店「虎屋」。這是一間經常會針對內外部問題持續改善精進的老店，一點都沒有成立已久、倚老賣老的權威感老店。找到典範，然後一味墨守成規，發展性就會受到限制。因此我們在創業的初始，就認為風光的成就或樹立權威地位，並不是我們想要的目標，守舊的制式系統便被我們排除在外。

在國外引進的商品上，UA 都會放上自家的品牌名，為什麼要特地這麼做？主要是因為我們對於自己該負起的責任非常重視。比起聲稱「商品由國外知名的製造商生產」來說，我們更重視的是「選品」的責任，所以我們打從一開始的共識就是要「掛上自家品牌」。

我想，是因為店頭陳列的商品種類，將我們的理念傳達出去了吧，就連遠從國外而來的客人也增加了。那個時期正好處於泡沫經濟崩盤的階段，原本發展得很好的一些國際企業，突然得面對險峻的大環境，因此紛紛開始尋找新的出路，再者，大家似乎都覺得日本接下來可能會有些「很有趣」的發展，所以選擇來日本取經的還真不少。就在種種因素的催化下，我們的好名聲逐步傳開，並且與多家大企業或大品牌談成合作。

一九九二年十月，原宿的旗艦店，也就是現在的總店，盛大開幕了。這棟顯眼的建築是 World Group（日本知名服飾連鎖集團）委託西班牙著名建築師里卡多・波菲爾（Ricardo Bofill）設計的，用以作為企業的母公司，不久後並由 UA 買下。

UA 在創立初期，重松理社長就得到 World Group 創辦人畑崎廣敏非常大的支持，當時我擔任的角色是常務董事，職責範圍涵蓋了採購、媒體公關以及行銷業務，等於所有對外的行銷宣傳全都交到了我手上，因此在經營面上我可能沒有太深入的了解，但我確實知道 World Group 幫了我們很大的忙，是我們非常強大的後盾。就連一號店（涉谷店）也是在 World Group 的土地上蓋起來的，剛開始的辦公室所在地也是該集團所屬。

創業初期，我們與 World Group 都有出資，從一號店創立的九〇年開始，一直到九五年為止，我們營運一直維持赤字的狀態，也就是必須籌貸資金來採購商品，銷售出去之後再進行還款，不久之後又再次借款，這樣的循環維持了整整五年。好不容易到了九五年，總算有了盈餘，爾後更在九九年股票上市，股價很快攀升，我們也因此能夠從 World Group 手中買回股權，終於完全獨立。一開始的那五年，真的像走在鋼索上一樣，經營得戰戰兢兢。只是，我們都有越挫越勇的信念，以及「一切都會越來越好」的信心。

Notes

愛馬仕（Hermès）
成立於一八三七年，是法國著名奢侈品品牌。初期生產馬具產品，汽車工業發展後，馬車的使用衰退，於是將事業重心轉移到皮件及手袋的生產，並獲得巨大成功。品牌專門研究皮革、生活飾品、居家擺設、香水、珠寶、手錶、時裝。自一九四五年註冊商標都是無人的公爵馬車。沒有人的馬車就是愛馬仕的產品，而真正能駕馭馬車的是尊貴客戶。由此可看出內斂的品牌特質。總店位於法國巴黎，分店遍布世界各地首要城市，至今已是頂尖奢侈品代表。

普拉達（PRADA）
成立於一九一三年，創始人馬里奧· 普拉達（Mario Prada）在義大利米蘭的市中心創辦了第一家精品店 Fratelli Prada，銷售手袋、旅行箱、皮件及化妝箱等產品。多年來它建立了產品、分銷、批發、生產全球系統，推廣到全世界，從一個小型的家族事業，發展成為世界頂級奢華品牌，也是世界名流公認的首選，旗下也擁有 JIL SANDER、Church's、Helmut Lang、Genny 等國際品牌。

里卡多 · 波菲爾（Ricardo Bofill）
一九三九～二〇二二年，西班牙建築師，一九六三年創立了「Ricardo Bofill Taller de Arquitectura」，並發展成為國際級的建築和城市設計事務所，他擅長在複雜環境中在建築中使用色彩，以大量作品中紫紅、、蔚藍、草綠、橘黃等戲劇性配色來呈現，讓建築與周圍景觀之間呈現鮮明對比，代表作有紅牆住宅（La Muralla Roja）、巴塞隆納「Walden7」、卡夫卡堡（Kafka Castle）等。

BEAMS
成立於一九七六年，早期為複合式商店，七〇年代將歐美流行文化帶入日本的先驅，採購世界等地的設計商品與自主開發商品，統一在店內販售，所以有了「選品店」的名稱。BEAMS 不僅商品新穎，價格也符合各年齡層的需求，至今在日本已成為三大選品店之一。

World Group
一九五九年由木口衞、畑崎廣敏成立，早期批發毛衣起家，一九六七年自主開發針織品牌 CORDIER，一九七〇年將世界各地成衣引進日本並開設專門店販售，一九七五年推出自主服裝品牌 Lui Chantant，一九八〇年成立子公司，從事面料、紡織品開發並進行設計與生產服裝以及進出口貿易。二〇〇七年營收突破三〇〇〇億日元，至今成為一家控股公司，旗下投資許多產業與品牌。

泡沫經濟落幕後，正式的西裝開始暢銷

對我們來說，第一個銷售破口算是西裝。那時候，大半的日本上班族所穿的西裝都是所謂的輕裝（Soft suit）。這麼一說大家的腦海中是不是會湧現出以前日劇中惡狠狠地向人追討借款的那種壞人呢？就是墊肩突出、褲子寬鬆，整體看起來很臃腫，而且下襬及袖子也都很長的那種樣子。這樣的設計款式，就是模仿當年最流行的亞曼尼（Giorgio Armani）西裝。因為亞曼尼的西裝非常昂貴，並不是每個人都買得起，所以才會有人複製寬版的墊肩、柔順的剪裁、寬鬆的褲子等亞曼尼的特色，並藉此產出便宜的輕裝。另外，這種復刻版的成衣大多也是選擇翠綠（鶯色）或紫色等，總之就是亞曼尼不可能會採用的顏色。我想是因為當時處於泡沫經濟的關係，日本的流行方向漸漸往粗俗不雅的方向前進，而且越來越誇張，才會導致這樣的結果。

從一九八八年一直到九二年，日本企業家、上班族，乃至於年輕的業務員，幾乎都身穿仿亞曼尼風格的西裝，走起路來就像是能夠靠肩膀破風前行的感覺。泡沫經濟讓全世界的熱錢都流往日本，不動產業、餐酒館、部分的服飾品牌，以及進口車的業務等等，都賺了不少錢。不過，我覺得全世界應該只有日本的上班族看起來這麼邋遢、吊兒郎當吧，對此我們真的是引以為恥。

後來在義大利的時裝展上，我們發現了與仿亞曼尼完全迥異的經典義大利風格。英國的剪裁設計特色傳到義大利之後，讓原本的輕柔感多了一分洗練，穿上這樣的西裝，整個動作舉止都會變得像紳士一樣。雖然我不想用「世界標準」一詞來形容，不過我真的認為這種紳士風走到世界各個角落都能獲得認可，也就是說，我們找到了非常適合用來帶起世界新潮流的風格。

剛好那時候也來到八〇年代末、九〇年代初的世代轉換期，整體潮流趨勢走向相當一致，普遍的共識是「讓輕浮隨便的風格下架吧」，因而也讓俐落款西裝有了冒出頭的機會，創造了銷售空間，同時新進設計師的前衛服裝也跟著風潮

一起上架販售。因為我們的主題是「進化的老店」，所以即使出現經典風格的服裝，也不至於給人守舊的印象，我想這一點應該也是我們的創意能受到消費者認同的因素之一吧。

Notes

亞曼尼（Giorgio Armani）
一九七〇年 Giorgio Armani 成立設計工作室。一九七四年發表時裝後被媒體稱為「夾克之王」。一九七五年他在義大利用自己名字成立了公司 Giorgio Armani 並註冊商標，Giorgio Armani 品牌就此誕生。他不論設計男女裝，中性化剪裁是一大特色，顛覆女裝該有的柔美線條，也跨越性別的界線，定義女性穿西裝的概念。一九八二年他登上時代雜誌封面，成為新一代時尚天王，不論是商業大亨還是好萊塢巨星，都成為他的忠實客戶，名流更流傳一句話：當你不知道要穿什麼時，穿亞曼尼就對了。

不打廣告的 UA 靠什麼傳達理念—「Styling Edition」

UA 所販售的流行服飾有一個基準——品質很好但風格過於保守的品項我們不賣；設計太過新穎導致缺乏現實感的品項我們也同樣不推。不過，我們並沒有強硬規定一個大家都認同的標準。

在 UA 所販售的品牌服飾之中，消費者對於 green label relaxing 與 coen 這兩個品牌的接受度比較高。green label relaxing 之所以會受到歡迎，是因為知名女星吉高由里子在一齣搞笑日劇中擔綱演出女主角時，穿的都是 green label relaxing 的衣服。不過說到 UA 本身，從以前到現在我們只有上過一次電視廣告。時間點就落在一九九八到九九年之間，而且採用的是動畫片的形式，因為我們真正想要打動的是新一代的消費族群。

創業初期，UA 製作了一本類似像型錄的冊子，名為「Styling Edition」（簡稱 SE）。會有這本型錄，主要也是因為市面上的雜誌沒有任何一本會讓我們想刊登廣告，於是便決定自己動手製作。話雖如此，但這絕非認為雜誌太低俗，而是因為我們在一九九〇年開店之時，全世界都還處於品牌百家爭鳴的年代，流行趨勢或主流價值觀，都會以品牌之名來發聲，介紹品牌以外的事物或傳遞其他價值觀的管道幾乎完全沒有…就是因為這樣，UA 才會推出「SE」，而且最前面的十年都是由我親自操刀。

製作 SE 的主要成員有：負責企畫內容及出版事宜的山本康一郎；擔綱美術總監的五十嵐尚；再加上攝影師、插畫家、裝置藝術製作者、畫家、模特兒等，把所有人匯集起來，打造出每一期嶄新議題的「SE」。這並不是一本「單純為了銷售」的型錄，而是在裡面放進了許多我們的理念與想法，而這些理念與想法就是支持我們繼續做下去的原動力。

由於製作預算並不多，所以我們會在 UA 頂樓以白色的背景布搭建天幕，或是在東京各地跑來跑去尋找適合的場景…有時候還會因為租借的攝影棚跟請來的模特兒感覺不搭，所以緊急移動到賓館去進行拍攝。攝影師及模特兒兩人（！）帶著對講機（當時手機還沒有那麼普及）辦理 Check in，在沒有取得許可的情況下進行拍攝。至於模特兒的選取，原本我們邀請的都是專業的模特兒，但後來就變成到街上請沒有經驗的素人穿著 UA 的衣服拍攝，或是請具有特殊才能的人來當模特兒。像這樣起用一般路人當模特兒，而非邀請外表亮眼的專業模特兒來拍攝的方式，我們持續挑戰了許久時間。

SE 向來以報導東京街頭有趣的裝扮或流行趨勢為主軸，內容中經常會有穿著打扮光鮮亮麗的人們出現，而其中最讓人感到驚艷的，就是幾乎可以代表九〇年代後期流行文化的「109 辣妹」（Kogal），這些高中女生就這麼登上了 SE 的版面。在製作那一期的時候，公司內部也傳出「為什麼要用 109 辣妹！」之類的意見，正反兩邊都各有支持者。但因為這股風潮就連國外也紛起追隨，討論度相當高，所以出刊後受到廣泛矚目，甚至就連巴黎的攝影書籍專賣店都有銷售紀錄，對此我真的感到相當訝異。

前面所提到的 UA 唯一一支電視廣告，採用的是義大利知名畫家詹路易吉・托卡方多（Gianluigi Toccafondo）的作品，並以作曲家中川俊郎創作的「Cocoloni utao」作為主題曲。寫下「歌詠心靈、寵愛身體」這句標語的是作家一倉宏，優雅的意境就連外國人也深受感動。另外，負責美術設計的是葛西薰，而總監角色則一樣由山本康一郎擔任。就是因為有這麼多位優秀的成員聚集在一起共同努力，所以我們的成品才能接連獲得好幾個獎項。

我認為，這支廣告之所以會成功，重點就在於它不是一支「銷售產品」的廣告。

Notes

109 辣妹（Kogal）
是指在日本九〇年代歌手安室奈美惠大紅後，日本流行起來的辣妹文化，從澀谷 109 百貨潮流集中地，隨處都可見黑皮膚、金髮、怪妝的辣妹，穿泡泡襪、極短裙，無論天氣都穿短裙。但自二〇〇五年後，熱潮已慢慢減退不再流行了。

UA 舉辦時裝秀的原因

到目前為止，UA 總共主辦過三次時裝秀。一般銷售服裝的商店是不會出來主辦時裝秀的，不過我們之所以站出來，是因為想要介紹一些有趣的設計或觀點給更多人，而這些觀點一般人可能都還不知道，但對於下一個世代的流行趨勢卻相當重要。

一九九四年，UA 舉辦首次時裝秀，地點選在原宿的總店，主題是「Martin Margiela 秀」。馬丁・馬吉拉（Martin Margiela）是一九九〇年之後全世界最為重要的服裝設計師之一，當時他準備在世界知名的六大城市挑選九間精品專賣店，作為展示最新設計的展覽會場，東京就是其中一座大城，日本這方面出來接洽的都是西武百貨之類的大企業。我們在得知消息之後便主動自薦，希望對方能將東京的活動交由UA來負責，結果我們就在這場國際連線的大型活動，獲選為日本的合作夥伴。

馬丁・馬吉拉（Martin Margiela）在日本雖然並非眾所周知的品牌，但卻具有超越流行的地位，因為它一方面像LEVI'S 501一樣經典，一方面又像COMME des GARÇONS 一樣前衛。而且，馬丁・馬吉拉（Martin Margiela）將活動辦在世界六大城市跨越國界的多元創意，我也深感贊同。所有準備事宜主要由我和我的助理一起進行，雖然我們從UA借調了許多人手，但由於大家平常就都有許多例行公事得處理，所以大部分的工作都是我們兩人完成的。

活動當天，聚集到現場的來賓遠超乎我們的想像，共有超過八百人到場，人潮把原宿總店前的中通路擠得水洩不通。再來談到現場所使用的音樂，這也非常特別，我們是從九個分散在世界各地的活動地點為主軸，讓人們去挑選喜歡的歌曲，然後在活動中隨機播放，整體來說非常自由、沒有侷限，超越了人種、國界等各種不同的差異，讓所有元素透過流行時尚來進行串聯，進而產生強烈的共鳴…當時我彷彿進入了夢幻國度，心情非常興奮，當然也充滿感激。

這場活動最終圓滿落幕了，但由於期間引來大量的媒體報導及各界輿論，導致公司方面以及警察都來關切。不過我必須要說，能夠參與如此盛大的活動，並且還藉此跟各個不同領域的人們進行溝通，對我來說是一生難忘的寶貴經驗，同時這也是我一開始的初衷。

順帶一提，我的助理在整場活動中表現非常出色，日後她在UA也持續升遷，成為首位女性董事，她就是山崎萬里子小姐。

Notes

LEVI'S 501

一八五〇年 Levi Strauss 在舊金山成立，他將金屬鉚釘縫在粗帆布工作褲上加強耐用度，這樣的創新發明當時大受好評，世界第一條牛仔褲就此誕生，Levi Strauss 更以自己的名字「LEVI'S」作為品牌，開啟了牛仔褲的神話。一八九〇年，LEVI'S 代號 501 正式命名，多年來經典不斷進化，歌手貓王、影星 James Dean、日本藝能天王木村拓哉等，在不同時代的明星也都成為 LEVI'S 501 的愛用者。

只要動機單純，就能獲得人們的支持

UA 的第二場時裝秀是在二〇一六年舉辦，地點在東京原宿，主秀是由法國知名品牌蔻奇（KOCHÉ）擔綱，品牌主理人克里斯特爾・科赫（Christelle Kocher）是我前年在 LV 集團舉辦的「Prize for Young Fashion Designers」大賽（以下簡稱 LVMH Prize）擔任評審時首次認識。LV 集團舉辦 LVMH Prize 的用意，主要就是支持及鼓勵年輕設計師，由於主辦單位希望賽事中能加入更多各國的觀點，因此從初創立的時候我就一直獲邀擔任評審。就是這個比賽，讓我第一次見識到她的設計作品，聽她說完自己的設計理念之後，我的第一個直覺是「這個年輕人不得了」。蔻奇（KOCHÉ）的品牌理念是「融合時裝、藝術以及街頭文化」，我從來不曾遇到過有哪一個新銳設計師能大膽提出融合這三種宣言。

同年九月，她跟我說：「我舉辦了一個秋季時裝秀，你來參加吧。」我應邀前往，結果看到了令我大感震撼的畫面。她將巴黎時裝周的舞台直接搬到巴黎火車站的大廳，如果以東京來講的話，就等於是在新宿車站東出口及 LUMINE（在日本專營車站大樓商場的公司）百貨之間的地下廣場，舉辦如此重要的活動。現場沒有安排觀眾席，所有人都必須站著觀賞，還有整場活動一律不採用專業的時裝秀模特兒。現場展示的服裝由她親自操刀，呈現出來的風格也幾乎都是香奈兒的傳統技術與街頭文化的大融合。我必須說，她是繼九〇年代的馬丁· 馬吉拉（Martin Margiela）之後最引人注目的新人，如果她的設計作品有打算銷往日本的話，我希望能由 UA 來代理。當時市場上有很多人都不約而同感覺到「最近都沒有什麼有趣的商品」，所以我非常希望也期待她的出現能帶來新的刺激。

就在這時候，我受邀在「Amazon Fashion Week Tokyo」（東京時裝週）擔任協力角色，活動期間也會舉辦時裝秀，地點選在原宿通，人們習慣稱其為「とんちゃん通り」，那是充滿昭和時代感的一個區域，居酒屋及古著店比鄰而立。這是日本境內第一次嘗試將街道封閉起來，並讓模特兒在街上走秀。為了完成這個任務，辛苦的工作人員一方面跟原宿警察局交涉，取得了封街的許可；一方面拜訪商店街的會長，不斷低頭請求協助。克里斯特爾 · 科赫（Christelle Kocher）的工作夥伴朱利安是一位創作者，同時也是表演功力深厚的舞蹈家，他們的策展發想是六〇年代日本地下劇團所散發出的「戲劇性的混沌感」。整體來說，街頭時裝秀非常成功，真的非常感謝每一位成員的付出。

重松理在創立 UA 後一直掛在嘴邊的一句話就是「單純的動機是最重要的關鍵」。他說：「動機單純的事情往往能夠得到人們的贊同與支持，只要做到這一點，即使一場活動從開始到結束發生了許多曲折的故事，理念也能貫徹到底；相反地，動機如果不單純，那麼中間過程就很容易會出問題，並且也有很高的機率會落得馬馬虎虎的下場。所以說，動機一定要越單純越好。」在蔻奇（KOCHÉ） 時裝秀上，我們真的非常希望能將有趣的一面傳遞出去，正是因為這種單純的思維，所以才能讓日本首次的封街時裝秀如此成功。

UA 的第三場時裝秀是「FACE A-J 時尚文化交流祭」（Fashion and culture exchange. Africa-Japan）。FACE A-J 是日本與非洲的奈及利亞兩國在文化方面積極交流之後，基於互相理解及健全經濟發展的立場所舉辦的活動。UA 的角色是協辦單位，而我個人則擔任專案管理者。

二〇一九年，「Rakuten Fashion Week Tokyo」（東京時裝週）及「Lagos Fashion Week」（拉哥斯時裝週）分別在兩地熱鬧展開，兩場活動的主軸都是要將日本及奈及利亞的年輕設計師介紹給更多人認識。FACE A-J 的相關細節，以及我對奈及利亞的觀察，容我在後面的章節詳述，不過我前面說到「西方的價值觀將走入僵局」，因此我認為非洲的某些特色應該會在今後揭竿而起，受到全世界的矚目。加入既有的市場廝殺，任何人都能做得到，但最厲害的還是創造一個新的市場，雖然過程可能必須得要不斷嘗試，不過那將是一片沒有競爭對手的藍海。

Notes

蔻奇（KOCHÉ）
二〇一四年由克里斯特爾 ・ 科赫 (Christelle Kocher) 在巴黎創立的個人品牌，擅長拼接，並結合街頭文化和當代藝術。融合高級剪裁與強烈視覺，既端莊又前衛，成為時尚界一種創新美學。

LVMH Prize
精品集團 LVMH，為了鼓勵年輕世代的加入，從二〇一三年變開始舉辦了 LVMH Prize，每年會挑選出二名贏家，並贈與三十萬歐元的獎金，還可以獲得 LVMH 一年的專業行銷、商業會計、智慧財產權等專業指導，對於剛入行的設計師來說，是一個千載難逢的機會。

Amazon Fashion Week TOKYO
東京時尚週的正式名稱是「Amazon Fashion Week Tokyo」，由日本的社團法人 JFWO 所主辦，名稱冠上「Amazon」是因為它是最大贊助商，東京時尚週主要目的是推廣日本品牌的新設計。在時尚城市中，又以巴黎、米蘭、倫敦、紐約、東京這五個城市影響力最大，所以被稱做五大時尚週。

沒有比較級，人們將難以理解

現代人對於「選品店」（Select shop）一詞已經相當熟悉，但其實這是從歐美傳過來的觀念。以英文來說，比較接近「Multi-label store」（直營賣場）或

「Concept store」（概念店）。剛創業的時候，我曾有一段時間會到世界各地蒐集優質商品回來日本銷售，屬於跑單幫的性質，創辦 UA 後以公司組織的立場來做這件事，算是我的初體驗，一開始真的有很多搞不懂的地方。UA 在涉谷創立一號店的那一年，來自美國的巴尼斯紐約精品（Barneys New York）也同步在新宿開了日本的第一間店。涉谷一號店開幕的時間是一九九〇年七月，而巴尼斯紐約新宿店則是在十一月開幕。那時候人們才初次了解到，原來這樣的賣場就是所謂的國際精品店。

對人們來說，要辨別一件商品是好是壞，必須要有其他類似的東西來進行比較。比方說以異國料理為例，假設今天桌上只有一盤泰國菜，那麼即使是對於泰式料理沒那麼喜歡的人，吃到香菜頂多也只會覺得「這個蔬菜味道真奇怪」，如此而已。但要是把印度料理、印尼料理、越南料理，甚至是中東料理等，各式各樣的異國美食全都擺上來，那麼在全部吃過一輪之後，多少就能辨別出哪一道特別辣、哪一道特別香…當然也就可以藉此賦予香菜及泰式料理一個應有的價值。時尚流行也是如此，比方說 COMME des GARÇONS 在巴黎時裝周打響名號的時候，是以前衛的印象深植人心，當時應該有很多人會在心裡想說：「這什麼啊！」然而一旦有其他同樣前衛的品牌加入，人們就可以理解到「原來這就是設計師品牌」。我相信也是有人打從一開始就能接受前衛的觀念，不過那樣的人想法一定得非常開放，並且還要走在流行尖端才行。在繪畫領域也有立體畫派及野獸畫派之分，我想應該很少有人能在猛然一瞥的情況下，冷靜地給出正確的評價。

Notes

巴尼斯紐約精品（Barneys New York）

一九二三年由 Barney Pressman 在曼哈頓成立，是美國奢侈品連鎖百貨公司，總部位於紐約市，共有三家旗艦店，紐約市、比佛利山莊和芝加哥，在美國多個城市也有分店，近年遊客減少、電商崛起眾多因素，二〇一九年經營不善宣告破產，之後由 Authentic Brands Group（ABG 品牌管理公司）入主，並將「Barneys New York」商標權給「Saks Fifth Avenue」（薩克斯第五大道）使用。

創業就像香菜一樣

前面多次提到的COMME des GARÇONS，非常努力攻進了歐美市場，並且推出有破洞或支離破碎的衣服，完全顛覆西方的傳統服裝史。儘管有部分人士強烈反彈，但事實上給予好評的也是同一群人，這就是所謂的「愛恨相伴而生」。文學或音樂領域也經常有類似的情況，像是披頭四樂團（The Beatles）、莫扎特（Mozart）的音樂作品，開始都以特立獨行的形象登上舞台，初期被世人認定為怪胎異類，隨著時間的推移，大家也就慢慢接受了這種新風格。

香菜也是，剛開始應該大部分的人都想說「這是什麼奇怪的臭蔬菜！」就連我自己也覺得這東西要在日本流行起來應該有難度。不過，現在我已經愛上香菜，而且在不知不覺間，日本已經到處充滿香菜，從香菜飯到香菜糖應有盡有。

所以我在想，設計工作就像香菜一樣，想要在這個世界嶄露頭角，就不要擔心被討厭、被批評。讓我們以香菜為榜樣，無論如何都不要丟失了香菜的特色。畢竟若是味道變了，或是態度軟化了，就不再是香菜了。本質是不容許有所改變的。

或者我們也可以仿效出川哲郎先生的精神，就算在「最不想擁抱的男星」票選排行榜中位居第一，他依舊是人們茶餘飯後討論度相當高的明星，而且還在黃金時段的節目持續演出。出川先生並沒有改變自己的本質，當然，這樣的形象會讓自己吃多少苦頭他心知肚明，儘管如此，他也沒有對此做出任何矯揉造作的操作，一路堅持到現在。我常想，假如他真的做了些改變形象的操作，或許演藝生涯會比現在短很多吧。

Notes

出川哲郎

一九六四年出生，因外表其貌不揚而成名，是日本知名搞笑藝人、演員，活躍於多個綜藝節目。

UA 與傳統意識

一個人不管再怎麼奇怪、心眼再怎麼不好，或是嘴巴再怎麼壞，最重要的關鍵還是在於生而為人的本質有沒有好好把持住。換句話說，即使一個人邏輯思路清晰、妙語如珠，但本質上若是不合格，那也不能算是好人。

服裝也是如此，我們習慣稱這個價值為「傳統意識」。以前衛的服裝設計來說，如果單純只是為了前衛而前衛，頂多也就是讓人「覺得很有新意」而已，畢竟出發點並不是對服裝的深刻理解以及深愛。

UA 對於傳統意識非常在意，就連官網也將傳統意識的觀念放上去，內容是：「對服裝的歷史及傳統充滿敬意，並以此為根基往上添加突破性的創意，打造出具有全新價值的服裝，這就是我們的主張。在這個多元發展的時代，對於每一位消費者，我們也會一一滿足，以多樣化的風格回應需求。」不管流行元素再怎麼變化，我們還是會設法引起消費者的共鳴，持續推出自己覺得好的、自己喜歡的設計作品，讓消費者能發自內心地說：「這真的很棒。」

舉例來說，以高湯聞名的茅乃舍，如果一路以來都維持著既有的方式在經營的話，就算高湯再好喝，恐怕也達不到現在的盛況。但是，他們針對 Logo、消費通路，以及包裝方式等，全都做出符合現代需求的改變。也就是說，高湯的本質是不容改變的，於是便從可以改變的外包裝下手，畢竟不管外表怎麼變，高湯還是高湯，絕不會突然就變成了義大利濃湯之類奇怪的商品。這就是我們心目中的傳統意識。

在服裝的領域裡，一定會有絕不容許改變的要素存在，只要別隨意動到本質，就能將真正的價值保留下來，不過，反過來說，要是大家都覺得「不用突破也沒關係」，那這個產業就只能宣告結束了。消費者不可能認為「沒有改變所以很好」。最好的方式是，讓消費者感受不到有什麼變化，但卻能夠一看就覺得

「在當下的時代來說是新穎的設計」，這才真的是最新、最厲害的，尤其是對流行時尚產業來說。

小小的差異能夠吸引認同嗎？

在所有追求前衛的品牌之中，有些得到了「居然設計出這麼棒的作品」之類的評價，有些則被認為「太過自命不凡」。設計品變現的關鍵要點，並非是品牌形象搞得多極端，或是設計有多麼顯眼，而是差異化，因為即便是小小的變化，也會成為「在眾多競爭者中脫穎而出」的關鍵。對於小小的差異，每個人的感受都不盡相同，可能有人會說「這個可以」、「這個不行」，或是「這個是我的菜」、「這個我沒那麼喜歡」之類的，像這樣有人把球投出去，就有人把球接起來，一來一往地把遊戲玩下去，就能玩出時尚潮流。

其實在這方面我也是有過失敗經驗的，以前我曾操作過UA集團底下的「DARJEELING DAYS」品牌，當時我認為一九四五年出生的戰後世代，到了二〇〇五年即將迎接耳順之年，所以我決定將這個品牌的受眾族群鎖定在六十歲以上的老年人，結果，不到三年就收攤了。

沒有辦法順利推展的原因，我想應該是沒有用對方法，以至於成果無法具體呈現吧。這並不是一個沒有人挑戰過的領域，不過市面上所推出的產品幾乎都如出一轍。說到五十九歲跟六十歲的人有什麼不同之處，我必須說六十歲所擁有的價值觀及審美觀，實在沒有辦法用眼睛所能看見的型態表現出來。雖然我知道這個族群某種程度上來講是有市場的，但就是沒辦法將更多情感傳遞出去，讓老人家們覺得「啊啊，這就對了」、「我就是想要這個」、「這才是大人所需要的啊」。

在我剛開始了解服裝產業的年少歲月裡，都在追求品質及完成度，因為我認為品質好、完成度高，就是最好的商品。但後來我才知道，就算縫製及樣品做得再好，完成度再高，如果沒有競爭力，絕對稱不上是一間優質的公司。光有完成度根本不足以跟其他品牌一較長短。

真正的重點在於提出不同之處的關鍵字，讓消費者知道「不同之處在哪裡？」「跟其他衣服差在哪裡？」就像拉麵店即使開了五十間，每一間都還是可以經營得很好，再者，就算是用料最單純的拉麵，每一間的味道也都還是會有所差異的。

正品的傳統思維

我們擁有很多傳統的根源，不過卻離真正重要的東西有些距離。如果時尚設計有原型的話，我們可以靠原型多近？或者是說可以離多遠，我認為這是真正的重點所在。UA 並沒有照著原型在經營，旗下也有距離原型很遠但卻非常有趣的品牌。另外，在不弄亂原型的狀況下，透過小小的翻轉，巧妙地找到平衡點，這樣的品牌也可以發展得很好。不管怎麼說，原型就是原型，就像拉麵一樣，無論味道的變化多麼豐富，終究還是拉麵，這一點是不會變的。

那麼，具體而言，「原型」究竟是什麼？在流行時尚領域之中，有些是超越時空繼續存活到現在的經典設計。比方說素色的羊毛衣，剪裁得宜的卡其褲，還有穿起來俐落有形的西裝外套等。品質好、不會讓人覺得膩，完成度高，這些原則不要破壞，就是我們所說的「正品」。

傳統的服裝具有很多這方面的特性，不只是服裝本身，還有像是完成度很高、不會胡搞瞎搞，以及最重要的「外型」。比方說我最喜歡的一九七〇年代的勞力士手錶加上後加工改裝。約翰 ・ 艾薩克（John Isaac）會在原本樸素的錶面上用手繪的方式畫上大麻葉。勞力士本身的完整度就很高了，七〇年代的勞力士更是異常嚴謹，完全沒有任何逾越空間。在這樣的情況下稍微加上一些四葉幸運草，真的讓人有神來之筆的感覺。另外還有像是克羅心（Chrome Hearts）也是，這個在美國誕生的皮革珠寶飾品品牌，是由喜歡摩托車的理查 ・ 史塔克（Richard Stark）與幾位朋友共同創立的，他們一開始的想法就是單純製作純正的風格配件。UA 也是克羅心（Chrome Hearts）的長期合作夥伴，在日本代理販售已經有三十多年的時間，一起共同成長。

如果克羅心單純以「重機魂」或「搖滾王道」的方式來行銷宣傳，可能可以更大範圍地擴大銷售，但在那樣的情況下，不管發展得多麼興盛，終究也會有煙火散盡的一天吧。流行時尚就是這樣，只要傳達的方式稍有差池，就會絆住自己的腳步。因為我們不希望發生這樣的事情，而是像在深深的地道中一步步前進一樣，以「跨越時代」的價值持續傳遞。結果，開始有些明星藝人喜歡上我們的商品、喜歡我們的品牌，我們的存在價值也就此獲得確立。即使商業關係在合約結束後，但共同培養起來的形象卻依舊能留下來。在此我學到了一件事，「品牌並不是找到方向就沒事了，延續價值才是成功的關鍵」。

Notes

約翰 ・ 艾薩克（John Isaac）
他是位神秘的改錶巨匠 Artisans de Genève 主理人，以訂製高端機械錶聞名，近期他們團隊為知名 F1 賽車手 Juan Pablo Montoya，打造一款訂製的勞力士 Daytona 計時錶，錶圈換上鍛造碳纖維材質，三眼盤採精密的鏤空處理，數字刻度塗裝成藍、紅、黃三色，更能呼應賽車氣息。

克羅心（Chrome Hearts）
一九八八年成立，早期只提供客戶訂製，品牌融合了搖滾、哥德、龐克、鳶尾花等設計元素，商品也從皮件、銀飾延伸至珠寶、服裝、眼鏡等，強尼・戴普（Johnny Depp）、卡爾・拉格斐（Karl Lagerfeld）、謝霆鋒都常配戴此品牌在公眾場合亮相。

說到底，時尚的功用就是展現人類尊嚴

話說回來，服裝的外型與設計每一年都會有些許變化。所以嚴格來說，原型可能並沒有形狀或設計。那麼，在現今這個時代，到底什麼是「絕對不能改變」的元素呢？追根究底，流行之所以會存在，主要還是因為人的關係，尤其是我們人類的尊嚴。

時尚流行的相關商品有一個特性，就是可以讓人們受到「身而為人」的尊重。「那個人好有存在感喔」、「那個人看起來好時尚喔」、「那個人所說的話好有道理」…就像這樣，我們每個人的特質都能藉由時尚流行向外傳遞，因此，現在我最想要得到的，就是對這方面有所幫助的時尚元素。

有很多人會認為「因為人類原本並不美，所以才要將穿著打扮標準化」，但這是一個誤解，是過時的審美觀。況且，時尚這件事是為了讓人展現自我，以及當作評判他人的一種依據，並非是拿來遮掩缺點的工具。在當今這個時代，最為普遍的價值觀就是追求「與眾不同」。兼容並蓄與豐富多元這類的概念會這麼常被提及，也是因為如此。將流行時尚與外表裝扮用來當作自我表現的工具，世人不是比較容易能理解嗎？

先前所談到的「差異」也可以讓人看出端倪，現在的流行趨勢，就是透過華麗的裝扮來讓自己鶴立雞群，同時也會透過好幾個不同的設計單品組合在一起，藉以凸顯特別之處，尤其是後者，讓超越時代的單品或推出相關商品的品牌，得到非常好的評價。UA 旗下的日本人氣品牌 HYKE 及 Scye，就是最好的例子。這兩個品牌的設計都很單純，品質也非常精良可靠，而且最重要的是剪裁俐落有型，完成度相當高，穿起來就是立體好看。對我們來說，建立超越時代的美麗，靠的就是這些自家品牌。更有甚者，HYKE 及 Scye 還會根據季節推出不同的香精產品，這就是它們厲害的地方。最近我們還推出了兩、三個像 HYKE 這樣的品牌。

創造與管理之間的距離

把創意化為商機最重要的要素之一，就是創造出差異。不過這並不代表有了差異就一定可以在市場上有所斬獲。我認為 UA 能夠一路成長，原因就是取得平衡。我們不僅會採取攻勢，同時也會進行防守，也就是不會一味提出新穎的設計，對於普羅大眾的口味還是會照顧到，一方面在流行尖端不斷嘗試，一方面嚴謹對待基本盤，從而找到當中的平衡點。

因此我在推導品牌的發展主軸方向時，也經常會深入思考「表現時代潮流的最佳方法」是要積極地衝到底呢？還是要溫和地以輕踩煞車的方式緩緩推進呢？說實在的，我想給在各個領域主導品牌發展方向的人一個建議—「創意要比別人早一步、商品則要早半步」。

大概是從九〇年代末開始，我就致力於「將創意落實在流行時尚」的工作。在當季商品開跑之前，會先舉辦商品的宣傳發表會（一般也稱為預覽記者會），並邀請媒體從業人員及專欄作家一同來共襄盛舉，同時兼任媒體公關主管的我，也要負責在發表會上說明設計理念。應該是從那時候開始，我就對於社會流行的潮流變得相當敏感。

身為共同創辦人，UA 公司對我來說就像自己的小孩一樣。儘管現在的我並沒有經營權，卻反而可以對經營團隊暢所欲言，這樣的組織架構具有「創意設計方向與市場經營層面」不容易起爭執的優點。對於傳統思維的理解就是當中最好的例子，對於企業的根基及深層的精神，雙方都願意深入了解，創意發想及呈現出來的設計也會有一致的風格，所以即使立場有所不同，卻還是可以用同樣的語言互相溝通。

在 UA，上從經營團隊下到每一位同仁，都有一本「企業理念手冊」，不過這本手冊一開始在發想製作的時候，關於核心思維修訂的部分也問了製作團隊的意見非常多次，甚至可以說是連遺書都寫了，因為我們想的是「如果明天就死了，會想要在這個世界留下什麼？」

在那個時期，「熱愛服飾產業的團隊」及外部而來的專業經營團隊，雙方的人數大概是五五波，所以理性思維的人會對感性取勝的人打屁股；反過來說，感性思維的人也會讓強調理性的人變得柔和，我們就是在這樣相互合作的情況下，一起五年、十年地持續奮鬥下去。

有一場經營企劃會議迄今我仍印象深刻，當時是一位對經營戰略相當在行的同仁提出了「不要再用四字慣用語」的建議。以往在會議上提到「回歸原點」、「切磋琢磨」之類的慣用語，每每都會覺得精神一振，而且還會受到詞語的感召，感覺比較容易得出很好的結論。不過，那位同仁卻說：「這些詞並不是我們自己想出來的吧。」結果得到了大家的認同。直到現在，「禁止使用四個字的慣用語」依舊是我們在開會討論時非常好用的一個方法。

對於經營團隊，我一向非常嚴格，畢竟公司發展的走向如果跟商品研發、選品或銷售主軸有所牴觸的話，後續將會走向奇怪的方向。而且這麼一來就等於是對消費者說謊。不管走到哪裡，UA 都是「零售業」，而銷售最基本的要件，就是誠實。

創意理念就是透過媒體傳達潮流傾向

我們每年都會舉辦兩次設計創意的發表會，UA 的幾位重點人物，以及各品牌的創意總監都會參加。發表會一開始會透過畫面帶大家一起回顧社會潮流相關的新聞報導或各種資料，並一一進行解說。基本上就是從各個不同的方向進行市場調查，將世界上所發生的大小事統整起來，包含事情的結果，以及對人們造成了什麼影響等等。

我在第一章也曾提到團隊成員經常會做市場調查，比方說最近就調查了過去四十年東京都九月到十一月的平均氣溫，得出平均值後，再跟二〇一九年的九月到十一月氣溫相比，從數據顯示即可得知現在真的比以前熱多了。以現在的情況來說，到九月為止是夏天，十月才好不容易開始進入秋天，一、二月則是冬天。所以如果七月就開始銷售秋裝及冬裝，可能得要過好一陣子才能開始賣得動。

另外，雜誌的文稿大標走向也相當重要。最近的女性雜誌現不少類似像「不想再煩惱每天的穿搭了」、「又不是藝人明星，每天搞得像時裝秀一樣，一點意義也沒有」、「手邊的衣服可以輪著穿五天就夠了」之類的標題；新聞媒體上也有「百分之七十的人跟不上流行」這樣的報導，把這些都統整起來，就會形成社會趨勢的輪廓。

接下來要談到的是流行相關的影片，在發表會上我們也會看三到四支影片，這類型的影片中會有當季的關鍵字，當然重點是畫面跟音樂如何搭配呈現，若用 MV 來形容這樣的影片，大家應該比較容易理解吧。

舉個例子，二〇〇八年發生了次貸風暴，導致二〇〇九年全世界的經濟幾乎都陷入停滯狀態，時尚流行也有點不堪一擊的感覺。因此在二〇一〇年，我們就讓優雅的服裝重新回到戰場上，當作給大家的一個強心針。

那一年的主題是「美麗」（beautiful），世界各地的幾位傑出的時尚攝影師，包含諾曼・塞夫（Norman Seeff）、歐文・佩恩（Irving Penn）、理查德・阿維頓（Richard Avedon）、布魯斯・韋伯（Bruce Webe）、亨利・卡蒂爾・布雷松（Henri Cartier-Bresson）、霍斯特・P・霍斯特（Horst P. Horst）

等人，貢獻了無數令人驚嘆的寫真作品，「真的好美，這才是時尚！」讚嘆聲不絕於耳。在我們蒐集的資料之中，有三成以上是這些大師的作品。

這個時期所搭配的歌曲是美樂蒂 ・ 佳朵（Melody Gardot）的「Baby I'm A Fool」。來自美國的美樂蒂 ・ 佳朵（Melody Gardot）是我非常喜歡的一位原創歌手，這首歌的歌詞裡寫到「愛情怎麼會讓人變得像個傻瓜」，搭配上浪漫的三小節旋律，讓人備感新鮮，我在二〇〇九年聽到時就覺得很經典。在浪漫的旋律下欣賞攝影名家們的巨作，現場所有觀眾都受到了感染。

我認為音樂是最能讓人感受到「時代氛圍」的工具，為了確實傳達創作理念，我們往往會運用音樂這項工具。比方說二〇一三年的春天，感覺會開始流行快樂且色彩繽紛的元素，於是我們便挑選了「烏維 ・ 施密特」（SeñorCoconut，拉丁電子音樂之父）的作品，當時我們採用的是由黃色魔術交響樂團（Yellow Magic Orchestra，簡稱 YMO）所翻演的版本。烏維 ・ 施密特能將任何曲子改編成拉丁風味。

藉由觀影方式感受到創作方向或時代氛圍之後，各品牌的創意總監們就可以去抓出各自的版本。由於我們不拘任何形式，作風相當自由，所以甚至還有人只提出了草稿或情緒板（Mood board，設計時用來刺激靈感的素材集）。對於大家的創意，有時候我會持相反的意見，不過他們並不需要一定得徵得我的同意，畢竟各品牌的格調與規模都不盡相同，需要每一位創意總監將各個品牌統合起來之後繼續深入挖掘。最重要的一件事，就是自己的方向不能與社會潮流相左。

這種傳達品牌發展方向的手法，在設計師之間經常可見，不過在銷售領域應該就比較少見了。聽說我所尊敬的知名設計師德賴斯 ・ 范諾頓（Dries Baron Van Noten），會在內部員工專屬的發表會上，用看電影的方式讓大家一起見證將剛出爐的時裝秀，據說真的非常精彩，所以還有人看到淚流不止。

Notes

諾曼 · 塞夫（Norman Seeff）

一九三九年出生於南非，是攝影師和製片人，拍攝過許多世界知名人士如：雪兒(Cher)、雷 · 查爾斯 (Ray Charles)、史蒂夫 · 賈伯斯 (Steve Jobs)、席爾 (Seal)、安迪 · 沃荷 (Andy Warhol) 等，他的作品不只是呈現攝影技巧，而是關於被拍攝者的信任，並開啟潛意識裡的能量，所以他作品常能捕捉到當代名人最有特色的一面。

歐文 · 佩恩（Irving Penn）

一九一七～二〇〇九年，是時尚攝影師，曾在 VOGUE 工作，也為三宅一生（ISSEY MIYAKE）、倩碧（Clinique）等客戶拍攝廣告，一九四四年去印度成為一名戰地攝影師，畢生拍過無數名人如：艾爾 · 帕西諾（Al Pacino）、畢卡索（Picasso）、大衛 · 鮑伊（David Bowie）、達利（Dali）等，他的黑白肖像至今都是商業與藝術的典範。

理查德 · 阿維頓（Richard Avedon）

一九二三～二〇〇四年，是時尚和肖像攝影師，曾在 Harper's Bazaar 和 VOGUE 工作，擅長捕捉動態時尚、戲劇、舞蹈的影像，作品充滿肢體動作，呈現線條與律動的美感，拍攝過奧黛麗赫本（Audrey Hepburn）、瑪麗蓮 · 夢露（Marilyn Monroe）、雷根總統（Ronald Reagan）、阿諾德 · 施瓦辛格（Arnold Schwarzenegger）等知名人士。

布魯斯 · 韋伯（Bruce Webe）

一九四六年出生於美國，是時尚攝影師和製片人，Calvin Klein、Ralph Lauren、Abercrombie & Fitch、Miu Miu、Gianni Versace、Louis Vuitton 等形象廣告均是由他操刀，他算少數商業攝影奇才，作品傳達出感性、自信、永恆，都符合大多品牌商想傳達的價值。

亨利 · 卡蒂爾 · 布雷松（Henri Cartier-Bresson）

一九〇八～二〇〇四年，是法國著名的攝影家，一九三〇年開始攝影創作，作品也開始在報紙、雜誌、書籍上發表。偏愛黑白攝影，反對裁剪照片與使用閃光燈，認為不應干涉現場光線，被譽為二十世紀最偉大的攝影家之一，作品橫跨東西方，他追求生命的真理，而不是形式上的美學。

霍斯特 · P · 霍斯特（Horst P. Horst）

一九〇六～一九九九年，是一名德裔美國時尚攝影師，被稱為「時尚攝影之神」，一九三一年在法國 VOGUE 上發表一系列高雅精緻的影像成名，二戰期間移居美國，並擔任美國陸軍的攝影師。之後他為美國 VOGUE 拍攝一直到一九八〇年代，他的作品是超現實主義與浪漫主義的結合體，至今當代時尚攝影師的作品，或多或少都有他的影子，可見他的美學影響力。

美樂蒂 ・ 佳朵（Melody Gardot）
一九八五年出生美國原本是攻讀服裝設計，花樣年華時卻因遭受嚴重車禍而靠創作彈唱治癒，復健過程中開啟了音樂領域的無限潛能，其初試啼聲發行全自創作品，二〇〇八年拿下由美國公共廣播電台（NPR）所評選的最佳全新歌唱爵士專輯，是位特殊的音樂奇才。

烏維 ・ 施密特 (Señor Coconut)
一九六八年生於西德，也被稱為 Atom 、Atom Heart，是德國作曲家、音樂家和電子音樂製作人。被稱為拉丁音樂、電子福音、aciton 音樂之父。九十年代移居智利，並採用別名 Señor Coconut。

德賴斯・范諾頓（Dries Van Noten）
一九五八年生於比利時，比利時先鋒獨立設計師，「安特衛普六君子」（The Antwerp Six）成員之一，出生世代相傳的裁縫家族。他擅長結合不同的材質、布料與民族風格的自然花卉圖騰，經過構思混搭後就是他的風格，多年都以花卉元素來呈現，被媒體譽為緹花的織夢之手。

精采絕倫的愛馬仕行銷活動

對流行時尚產業來說，無論如何最重要的還是傳遞情感，意思就是在時尚之中加入感動的元素。其實我們可以說，所有產業都是從情感衍伸出來的。如果穿上衣服沒有特別的興奮感，或是看到別人穿的衣服也不會覺得「好好看！」那麼人們就不會想買衣服了，這個產業也沒有未來性可言。隨著生意越做越大，這個起始思維可能會被遺忘，但我認為不管事業規模有多大，最重要的事情是裡頭有沒有能夠觸動人心的元素。

二〇一九年，愛馬仕（Hermès）到日本舉辦了兩場活動，兩場都讓我非常有共鳴。一場是「愛馬仕廣播」，他們在原宿設立了一個暫時的廣播站，並推出愛馬仕專屬的廣播節目，只有在網路上能聽得到。一進去愛馬仕的廣播站，就可以看到現場擺著卡式錄音機，還架設了 DJ 混音控制器，以及當作擺飾的黑膠唱片細節處非常講究。另外，他們還從巴黎請樂團到伊勢，現場還播放著該樂團在海邊演出的照片…所有的一切都非常完美。關鍵是，裡頭完全沒有任何銷售行為。

另外一場是在六本木舉辦的「Hermès Bespoke objects 夢的形狀」發表會，藉著製作客製化商品讓來賓能夠得到「真的好想要」的客製化商品。雖說是客製化商品，不過基本上只有二十四種，包含船隻或汽車的內裝、自行車、十二吋黑膠唱片專用的點唱機等，愛馬仕（Hermès）跟這些與自家品牌沒有任何關係的商品進行合作，並展示其成果。這一場也同樣沒有任何商品可供販售，也就是沒有任何買賣行為。

這兩場的預算應該都多達上億日元，花了這麼多的時間與心力，當然可以打些廣告、做些宣傳，但愛馬仕（Hermès）卻什麼也沒做。我覺得這就是它厲害的地方，他們經常強調「我們不是奢侈品品牌」、「我們是將職人聚集在一起的大家庭」。上面所談到的兩場活動，就是透過不同的方式將他們的職人技巧及對客戶的愛傳達出去。對於愛馬仕所傳達出來的訊息，人們不僅能打從心底產生共鳴，而且還會浮現欽羨及尊敬的想法。我認為品牌就是情感的集合體，而愛馬仕就是最佳的經典範例。

UA 所堅持的「零售」

我們先不討論一個企業能不能成功，光對於能不能持續經營下去，我認為有一個要素，那就是從一而終的中心思想。隨著流行的變動或銷售焦點的轉移而不停改變自己，結果導致失敗的例子非常多，因此我們總會不斷提醒自己「為了不要讓無法更動的部分有所改變，就必須要持續調整可以改變的地方」。

一切的根源，就是那句社訓：「都是為了客人」。也就是為了客人經營商店，並且不做任何客人不喜歡的事情，我相信在 UA 旗下的每一位同仁都能理解，並且，這樣的主軸從創業以來經過三十年都沒有任何偏移，這也是 UA 可以持續「零售」事業最主要的原因。

零售的日文寫法是「小売り」也就是小小的買賣。水果蔬菜行及肉舖當然屬於零售店，即使範圍再擴大，像愛馬仕這樣的企業，也不脫零售的範疇。零售就是每一個「小小的買賣」持續累積的過程，所以不管企業體變得多大，依舊屬於零售業。

街邊的蔬果行及肉舖，只有在品質真的很好的時候，才能說出「今天的蘿蔔很棒喔」、「我們家的肉非常軟嫩」之類的話。放太久導致過熟的蘿蔔，可不能跟客人說：「這個很好吃喔。」要是真這麼做了，恐怕生意也會告吹。所以我認為零售業如果不能誠實地對待客人、不能隨時思考客人的需求，應該很難存活太久。

時尚業界有各式各樣的販賣型態。一開始是經營自家品牌，並從批發商品給小賣店開始做起，爾後建立起直營店系統，或者是像最近非常盛行的網路通訊販賣，以及只提供訂製的銷售方式等。我想，UA 之後在網路上的銷售業績應該也會水漲船高的吧。不過，由於一開始是以零售店作為發展根基，所以無論再怎麼擴張，也不會偏離零售店的主軸。

創業初期，我們想要實現的目標之一，就是提高「銷售員」的地位。在那個時期，服裝店店員的社會地位可以說是零售業界中相當低的。我們的夥伴之中有一位跟鰻魚飯專賣店老闆的女兒交往，他的雙親上門提親，對親家說「讓他們結婚吧」，但卻得到一句「別開玩笑了，賣衣服的那種小攤販銷售，我們家女兒可做不來」。跟餐飲業比起來，我們並不會覺得做服裝銷售的就比較了不起，然而這家鰻魚專賣店的老闆卻認為賣衣服的店員地位肯定比較低。那位同仁當然感到忿忿不平，就連我們在旁邊看的人也覺得義憤填膺。但在當時的日本，這樣的觀念幾乎是眾所周知的常識。

後來，我們一群人到國外進行參訪，第一次出訪是在一九八五年，當時巡迴了歐洲四大城；一九八八年則從美國西海岸一路橫切到紐約，把所有世界上鼎鼎有名的店家全都逛遍。國外的銷售員都非常成熟，而且受人尊重。然而在日本，銷售員卻被當作是街邊叫賣的攤販。我們都很希望可以扭轉這樣的觀念。

OUTLET 免稅商店的銷售員所代表的意義

現在的 UA 有一條經營守則是「創造從業人員的價值」，為此，我們全公司上下都到「東矢大學」進行研修，並且還舉辦「東矢盃高額獎金挑戰賽」，以角色扮演的方式進行接待比賽；另外我們還建立了「銷售大師」的認證機制，鼓勵在接待上表現優異的銷售員。由此可知，UA 在培育高品質銷售員方面下了不少工夫。

近年來讓我特別有感的一件事情是「Outlet 免稅商店培育了好多優秀的銷售員」。基本上，Outlet 就是將「賣剩的庫存」、「生產過剩」或是「過季」的商品集合在一起銷售的場所。說難聽一點就是消庫存的地方。不過大家似乎認為 Outlet 所販售的是最新最流行的商品，這就有點解讀錯誤了…不過無論如何，站在「零售」的角度來看，兩者的性質是相同的。

Outlet 跟一般商店不同的地方，就是將好幾個像 UA 一樣販售多樣化商品的品牌聚集到一間店內進行銷售，裡頭會有高單價的商品，當然也有低單價的商品。再者，Outlet 所涵蓋的目標年齡層也很廣，從推著嬰兒車的年輕夫婦，到退休後的長輩，都會進去逛。互相競爭的同質性商店就開在旁邊；同一棟賣場裡有珠寶店、手錶店及餐飲店等各種不同類型的商家，這些特色讓 Outlet 宛如一座小小的村落，而在這個村落裡，就有 UA 的落腳之處。

在 Outlet 工作的銷售員，每天都要思考如何才能將並非最新也並非當季的產品銷售出去，並且要樂在其中，把這件事轉化成工作上的動力。比方說有些店家想到的是統一的服裝需求，就是買一樣的衣服讓員工看起來就像穿了制服。「今天每個人都穿紅色衣服吧」、「這次大家都穿有相同花色的衣服吧」之類的。如此一來，不僅銷售工作本身會變得有趣，客人也會察覺到這份用心，心想「今天每個銷售員都穿紅色衣服？真有趣啊！」簡簡單單就能讓快樂的氛圍渲染出去。在那裡，完全沒有販售庫存品的負面感受。得知前面所提到的「服裝統一」這個用心的作法之後，我能夠充分感受到 UA 派駐在 Outlet 的銷售員真的是打從心底熱愛服飾、熱愛接待客人這項工作，因此讓我覺得 UA 創業時的核心精神有被正確地傳達出來，真是太開心了。

我認為那些銷售員所傳達出來的訊息是：「服裝並不像生鮮食品，一旦過季就會壞掉，所以還是可以像這樣開心地穿著。」所以說，銷售時的氣氛真的很重要。在 Outlet 工作的銷售員們，處於商店林立的環境之中，每天都要面對各式各樣的客人，銷售著「雖非最新但依舊有好品質」的商品，傳達出「可以像我們一樣開心地穿著」。這些銷售員累積了豐富的經驗之後，近年來紛紛轉進一般店家，為企業帶來新的刺激。

在過去的二十年之中，LUMINE 每年都會舉辦「LUMINE 盃」賽事，比的是接待客人的角色扮演，UA 的同仁幾乎每年都會進入決賽，也曾拿過冠軍。能夠在賽事中被選入的人，都是打從心底熱愛銷售工作的銷售員。

在 UA 社內的東矢盃高額獎金挑戰賽勝出，被認定為銷售之星的同仁也是如此，打從心底的「熱愛」是最重要的關鍵字。並不是提供客人所需的服務，講話客氣、鞠躬哈腰，並且正確地傳達商品資訊，就能算是好的銷售員，而是要親身去感受穿上自家產品會有多開心，然後將真實的心聲傳遞出去。這樣的基本思維，支撐著從高級的精品店到 Outlet 中所有的「零售」產業。

我的核心思維就是，無論何時何地，我都是「銷售員」

大學畢業後，我的第一份工作是到鈴屋大型連鎖公司擔任銷售員，從那時候開始，一直到現在為止，我的銷售員的基本思維完全沒有任何改變。所謂銷售員的思維，就是爭取客人的喜歡、讓客人開心，不想推薦客人不需要的商品，並且正確地傳達出商品的優點及價值。

除了 UA 的工作之外，我也有在媒體上撰寫文章，並且經常接受國外學校的邀請前往演講。

我曾在「費加洛日本」（FIGARO JAPON），撰寫「流行與藝術的交叉點」專欄長達十五年；另外我也長年在比利時的安特衛普皇家藝術學院擔任畢業資格的審查員。安特衛普皇家藝術學院的故事容我在後面描述，不過我想告訴大家的是，梵谷（Van Gogh）也曾在這所學校就讀，一九八〇年代後則出現了「安特衛普六君子（The Antwerp Six）」，可說是能人輩出的一所學校。我是在九三年與安特衛普皇家藝術學院結緣的，我邀請畢業於這所學校的設計師來到東京與 UA 進行合作，帶來許多該校對於流行時尚的看法。也因為這樣，我後來就受邀擔任畢業資格的審查委員。

不過，我並沒有打算要成為一個教育家，當然更沒有意思要當評論家或撰寫文章的作家。我知道流行時尚就是文化的一環，我也未曾想過要樹立派別。

我的核心精神，說到底就是好好當一個銷售員，好好經營零售事業。就跟誠實的蔬果店、值得信賴的肉品店…之類的店家一樣，堅持與自家的店抱持著同樣的初衷。

每當有演講或寫稿的邀約，我之所以都會答應，就是出自一顆銷售員想要幫助客戶的心。人家要三，我就會想要給五，而且內心還會因為自己能提供更多而感到開心，這就是我的工作態度。

或許我就是在這不知不覺間「經營」了自己吧。但是我的目的絕對不是「經營自己」，而是正確地傳達價值、正確地銷售商品，並藉以讓更多人開心，如此而已。我會這麼做的最大原因，就是我不認為流行時尚是免費的，同時我也不認為把錢收進來，然後將商品轉交出去，一切就結束了。如果沒有人願意持續闡述流行時尚的真義，那流行時尚就只淪為社交平台的工具。因為不希望看到這樣的情況，所以我選擇持續撰稿，並站到大家面前，把訊息傳達給大家。

Notes

費加洛日本（FIGARO JAPON）
日本經典暢銷女性雜誌，由法國費加洛報所創辦的女性雜誌日本版，內容不僅介紹時尚精品，還結合旅遊生活的專題報導，大多介紹歐洲城市為主，並搭配完整的餐飲與購物資訊，是一本崇尚自由與品味生活的高質感雜誌。

安特衛普六君子（The Antwerp Six）
一九八〇年代在歐洲時尚界崛起的六位比利時時裝設計師。由於六位設計師皆畢業於安特衛普皇家藝術學院，故稱為「安特衛普六君子」。其成員：安・德默勒梅斯特（Ann Demeulemeester）、瓦爾特・范貝倫東克（Walter Van Beirendonck）、迪爾克・范薩納（Dirk Van Saene）、德里斯・范諾滕（Dries Van Noten）、迪爾克・比肯貝赫斯（Dirk Bikkembergs）和瑪麗娜・伊（Marina Yee）。他們都是琳達・洛帕（Linda Loppa）所教的學生，日後安特衛普六君子成為前衛時尚設計師的代名詞。

梵谷（Van Gogh）
一八五三～一八九〇年，知名畫家、藝術家，他的作品強調自己的主觀世界，從造形、光線、陰影、氣氛、空間感，他想把這些要元素完全的表現出來。這種想法使他想畫出強烈的陽光，也因這種前衛的畫風，奠定了印象派畫風，也給後來的野獸派與表現主義有很大的影響。知名作品如：「星夜」、「向日葵」等，畫作已成為全球最昂貴的藝術作品。一八九〇年他因精神疾病的困擾，在法國瓦茲河畔結束了年輕生命，當年他才三十七歲。

公司的規模及健全的自我肯定

作為創業迄今長達三十多年的「零售商店」，我認為 UA 是在「希望能讓客人因滿足而開心」的前提下慢慢成長起來的，當然也就不會把擴大公司版圖列為優先發展項目。

接著，我們在東京市場第一部股票上市了，年營業額也來到一千六百億日元，以規模來講應該可以說是業界的首位。不過，品質與品味比UA高的企業所在多有，在數據上表現得更好的公司也大有人在。所以我並不認為 UA 是業界的第一名。

況且，這麼多年來我也看到過許多以第一名為目標的人，認為自己終於攀上了高峰，但卻很快就翻落谷底。一時之間猶如飛鳥猛撲般急速成長，甚至被吹捧成時代的寵兒之後，很快就消失無蹤的也有。

就像我前面所寫到的，「保持單純動機很重要」。看過那麼多人大起大落之後，雖然有點失禮，但我不得不說，想要圖得好名聲、想要賺大錢、想要街知巷聞…對零售業來說，這些動機一點都不單純，或者該說是一點都沒有替客戶著想…而且類似的目標還有很多。基本上，消費者對於自己所買的品牌往往都相當重視，尤其是品牌創辦人或企業代表的言行舉止，更會引發強烈反應。所以我認為對零售業來說，消費者的信任就是一切。

隨著公司規模的擴大，我希望整體也要持續健全地成長，而健全地成長就是源自於能夠好好地肯定自我。

最近「自我肯定的欲望」一詞被用在不好的地方。以前在東京新聞寫專欄的哲學家內山節，曾寫過這麼一段話：「現在是自我肯定欲過剩的年代。」唐納・川普（Donald Trump）就是一個很好的例子，另外，不管從哪個角度看都該接受批評的安倍政權，擁有大批支持者，這些支持者也有同樣的狀況，他們肯定自己所選的安倍首相是正確的人選，因此認為無論如何都不能批評安倍首相。

近年來自我肯定都會帶有些微的否定意味，還有一個讓我印象深刻的例子，那就是朝日新聞的一則採訪報導，主角是天大輔，他雖是重度殘障，但卻仍選擇挑戰研究所，並順利取得博士學位。

現實的狀況是，如果沒有旁人協助，天先生甚至可能連好好活下去都做不到。二〇一六年，殘疾人士福利機構「津久井山百合園」有多位住民遭到殺害，這起事件似乎讓天先生產生了許多煩惱，可惜的是他自己也是身心障礙人士，需要雇用醫護人員，也需要社會福利，所以認為福利機構還是有存在的必要。

或許這是一個非常極端的案例，不過我們每個人生活在這個世界上，總會經歷很多困難的關卡，此時，自己就是最重要的基準，如果不能給予自己肯定，恐怕就沒辦法繼續往前走下去了。

一九六八年到一九七〇年，也就是我讀高中及大學的那個年代，社會上充滿自我批判及自我否定的聲音，思考及言論也都有太過激進的狀況，有很多人整天到處批評。當時我對很多事都抱持著否定的態度，還會問自己：「那些我曾經做過的事，真的都是對的嗎？」

就在那時候，我想通了一件事：雖然我們都會自我批評，但應該沒必要自我否定。反過來說，如果不能自我肯定的話，就沒辦法對外表明自己能負起什麼責任。從那之後，我就把「要避免自我否定到什麼程度，才能好好活下去」當作思考的基準。

當然，隨隨便便就自我肯定的人，頂多也只是頑固且任性妄為而已。先把這種以自我為中心的自我肯定擺在一旁，主要探討一下自我否定的問題，但如果一直不停否定自己，就會開始迷失自我，導致沒有辦法好好腳踏實地做事，這也是另一種不負責任。如果你是個對於半途而廢的事情一直抱持自我批評、自我否定，那麼先好好肯定自己一下是比較好的。

為了要以健全的心態肯定自己，一定要先能正確地了解自己，並且必須要提出未來的願景。這也代表著自己願意扛起責任，接受所有發生過的一切。對一間企業來說也是如此，「為了讓公司獲得高人氣，我們也必須變成人氣王」，這樣的思維雖然正確，但卻沒有做到自我肯定，而且「只是因為有利可圖」這一點，也不能成為公司與社會保持良好關係的理由。

多年來，UA 開創了不少品牌，當然也有許多旗下品牌走入了歷史，在這個過程中，我經常會自問自答的一個問題是：「我真的想做這件事嗎？」在市場一間股票上市的公司，原則上要在五年（先前是以三年為期限）內回本，但由於營業額表現不如預期，市場需求也沒有那麼高，再加上營運策略太過稚嫩不成熟，所以也有不少企業在品牌名被記住之前就消失了。

不過，對於真正喜歡做的事、真正想做的事，可以參與其中並且獲得成長，就是最棒的事情了。希望所有相關的人，都能夠在此之中得到快樂。

「什麼是必須的？」在思考這個問題時，我覺得最重要的是包含自己在內的所有公司幹部，以及必須扛起下個世代的年輕同仁們，每個人都能夠應該要正面地肯定自己。

我相信，「時髦的展現源自於自我探索、自我認識，以及展現自我，這些都與自我肯定有關」。我和夥伴們都希望能將這樣的意義及喜悅，傳達給消費者，這是我們讓自己開心的方式，也是賺取收入的方法。

消費者是否能夠透過我們所提供的時尚商品而做到自我肯定呢？對我們來說，這才是最大且最重要的問題。

Notes

目前 UA 引進台灣的品牌

UNITED ARROWS
針對流行時尚具有高度敏感且追求質感與品質的成熟男女為訴求，從服飾到生活雜貨為品牌主軸。透過店內每位銷售員的穿搭提案，讓所有人都可開心穿出成熟的流行品味與自信。擁有自由奔放的發想力與保有傳統的精神才是充實內在美與永續青春的最好方法。

BEAUTY & YOUTH
UNITED ARROWS 的年輕化品牌 BEAUTY & YOUTH。提倡「精神上的 BEAUTY 和永恆的 YOUTH」為主題（Beautiful Spirits & Eternal Youth），將自由觀念（自我價值、自信時尚、玩樂氛圍、求知欲強）和傳統的思維（自然、優雅、可信與傳統價值）混合而成的時尚品牌。

green label relaxing
品牌理念「Be Happy ～時尚讓人每天都心情愉悅～」，希望能夠符合各種不同生活型態的人們，並兼具時尚與對品質的堅持的品牌。捕捉每一季最新的流行趨勢，並貼近消費者日常的需求，是個長期受到消費者支持的實用品牌。

monkey time
最初主打「GRUNGE」頹廢搖滾風格，以 Oversize 版型與叛逆中性的概念，加上創意總監 Shoichiro Nakayama 敏銳的街頭時尚品味，近年與 Champion、Dickies、THE NORTH FACE 等各品牌聯名系列均取得不錯的成績，現今品牌已成為潮流界的新星。

coen
「easy chic ～輕鬆享受時尚的樂趣～」為品牌的核心理念，推崇美國西岸輕鬆、隨性的休閒穿搭風格。設定無齡層是品牌的特色。不論男女老少，皆可以親民的價格輕鬆入手結合流行元素的優質單品！

Chapter 03

Personality → 對於穿著打扮的考察研究

服裝可以讓人成長，而人的成長從身上穿的衣服就能看出來

近年來，有一本建議人們「不要買太多衣服」的書籍衝上了銷售排行榜，作者希望對於衣服的數量及品牌有所執著的人放下堅持，用成熟的態度好好思考對自己來說到底什麼才是最重要的。不只是衣服，日常飲食及居所也是如此，如果能經常透過消費行動及個人持有物來跟自己對話，相信一定能有所成長。不過，我想這並不是衣服數量的問題，而是選擇、思考，以及個人品味相關的主題才對。就算擁有成百上千雙的鞋子，如果每一雙都有珍藏的理由，而且還會時不時重新審視，甚至藉以發現新的價值（當然也得要有足夠的收藏空間…）那麼就算擁有一萬件衣服、一萬雙鞋子，也是很有意義的一件事。

每個人在出門之前都會選擇要穿什麼衣服，挑選的時候有些人會感到緊張，有些人則樂在其中，也有些人會在前一晚就先做好選擇，也有些人則是在出門前一刻才會做出決定。不管怎麼樣，當我們開始穿衣服的時候，這件衣服就會變成我們與外界接觸時的一個防護罩。或許也可以說是「以衣服為名的鎧甲」。

真要這麼說的話，那也是「柔軟的鎧甲」，一身的穿著打扮就是你的柔軟鎧甲。從個人的選擇、到整體的搭配組合，乃至於日常的服裝喜好，都在訴說「那個人」的故事。假設那個人是「具有觀察價值的人物」，那我們就可以「透過他的服裝來窺見他的思維史」，這不僅非常有趣，也相當有欣賞的價值。

二〇一五年，當我在義大利的時候，非常有幸能一窺尼諾・切如蒂（Nino Cerruti）的個人服裝展示會。尼諾是影響當代男性時尚潮流的重要人物之一，一九三〇年出生的他，是義大利比耶拉（Viera）的一間老布行老闆，一八八一年創業的老布行，傳到他手上已是第三代。到了一九五七年，他創立了紳士服裝品牌，開始投入設計，品牌名就是「Hitman」。在設計上，Hitman 保留了經典紳士服的基礎架構，同時帶入新時代的柔軟精巧風格，完美的呈現讓尼諾很快就成為新潮流的舵手，Hitman 的成長期是一九六四年到一九七〇年，在

默默無名的新手設計師亞曼尼（Giorgio Armani）接手後啟動。亞曼尼將在Hitman學習到的經驗徹底發揮出來，並於一九七五年創立了自己的品牌。總而言之，尼諾不僅是亞曼尼的老師，更是戰後男性時尚的始祖。

在該展示會的小冊子上，尼諾：「我並非反叛者，只是不想跟其他人做一樣的事情而已。優雅是自然的反芻結果，太過完美與七零八落相差無幾。而美麗，就是個人展示尊嚴時所得到的結果。」展覽的館長對尼諾的評語則是：「街頭巷尾到處充滿想要凸顯自我的人們，但他不媚俗附眾，不會為了引人注目或為了表達主張而做任何矯飾。」只能說，這次的展示會，大有跟辦在佛羅倫斯的盛大男裝展PITTI UOMO（義大利著名的男裝博覽會）互別苗頭的意味。

看著尼諾的個人精選收藏品，經過設計、編排之後展示出來的幾件服裝，可以看出一個男人逐步成熟的歷史軌跡，這樣的內容給了我很多刺激，收穫豐碩。有好多件衣服的設計讓人見識到他以超越時代的價值（傳統思維）為根基，絕對不保守，反倒是充滿了遊戲人間的精神。另外還有些經典或象徵性的設計，讓人感受到他遵守禮節卻不被框架侷限的精神，他就是透過這樣的方式在表現自己的吧，如此精采的展示會讓人不禁感嘆：「好想成為這樣的大人」。就是因為知道分寸，才能夠體現自由。這場展覽之中，讓我確信「服裝可以讓人成長，而人的成長從身上穿的衣服就能看出來」。

Notes

尼諾・切如蒂（Nino Cerruti）

一九三〇年出生於義大利，Cerruti家族是做紡織起家，他是二十世紀男性時尚的先行者，風格融合休閒與時尚，他曾說過：「希望男性能更自由地展現優雅，更優雅地展現自由。」，他從熱衷研發新型布料到參與時裝設計。一九五七年推出第一個男裝系列「Hitman」，一九六〇年與亞曼尼（Giorgio Armani）合作，僱他為男性服裝設計師，兩人聯手在全球時尚界打出名號，一九六七年在巴黎成立第一家以男裝為主的「Cerruti 1881」時裝店，店名融合了家族創始人的姓氏和創始年份。

PITTI UOMO（義大利著名的男裝博覽會）
始於一九七二年，在每年的一月和六月舉行，最早在佛羅倫斯一家名為「Pitti Palace」的畫廊舉辦，PITTI UOMO 源意大利語，「PITTI」取自文藝復興時期一位銀行家 Luca Pitti 之名，而「UOMO」則是男士的意思。是世界上最有名的男裝展，甚至打破了巴黎時裝一家獨大的局面。

打扮是生活方式的問題，重點在於「活得像自己」

打扮就是表現自我的一種方式。享受著各式各樣的穿著搭配，追求適合自己的時尚流行元素，這就是一趟挖掘自我的旅程。找出適合自己的服裝，以及形塑自己的風格，過程像是在玩兩人三腳的遊戲一樣。

每個人都會有所謂的「個人風格」，挖掘出自己的風格，並藉此理解自己適合些什麼，這樣的旅程絕不會有結束的一天。一開始透過各式各樣的嘗試，尋找適合自己的品項，然後慢慢就能發現哪些品項會讓自己獲得他人的讚賞。反過來說，如果完全不假思索地把流行服飾穿上身，說不定會因為太奇怪而引人側目，進而招來「這件毛衣的樣式，不會太過時嗎？」之類的評價。不隨便盲從流行、盡可能展現出自己最好的一面。我們應該都要當一個「穿著適合自己的衣服，展現自我風格的人」，而不是「穿著流行服飾的人」。

藉由這樣的方式挖掘出穿著打扮與自我的關聯性之後，就會產生「這件衣服我穿起來很合身，下次可以搭配看看」、「加上這個元素試試看」之類的創意發想。

我覺得這跟下廚做菜有異曲同工之妙。已經學會咖哩的煮法了，那麼「下次來試作看看辣一點的咖哩吧」、「湯咖哩應該也能作出來」、「從咖哩塊的製作開始挑戰起吧」…各式各樣的作法都可以嘗試。再打個比方，像是要煮一條魚，從食材、烹煮的方式到隨意添加的調味，過程中我們可以對所有細節進行思考。

並不是每個人都能夠成為專業的大廚，但是卻都可以享受做菜的過程。

穿衣也是如此，慢慢地從中找出樂趣，就會替自己搭配出更多樣化的打扮。當你在嘗試的過程中看見自己的真實樣貌之後，接下來就可以去思考「如何能讓自己更加出色」，這時候，就可以反過來「利用」服裝了。更重要的是，我們可以藉由這樣的方式創造出屬於自己的「商標」，在身上烙下「自己的印章」。這種「印象加分題」可說是比任何名片或頭銜都還要來得強而有力。生意場上說不定還有人會稱呼你是「那個穿著條紋襯衫，讓人覺得很舒服的人」。

或許有人會說：「但我就是沒有什麼品味⋯」，在時尚領域來說，品味到底存不存在呢？可以說有，也可以說沒有。「多看書就能讓自己的品味好一些」這句話雖然沒說錯，不過品味升級的目標放在哪裡，卻可能會帶來不同的結果。

以歐洲階級社會的觀點來看，中產階級以上的家庭或親子之間，會以「好風格、好姿態」（源自法文，Bon Chic Bon Genre. 用以形容一種良好的生活態度）作為代代相傳的價值觀。這樣的價值觀雖然還存留在歐洲社會之中，不過階級社會早已崩毀，巴黎的生活方式也不停在改變，因此「好品味」的標準慢慢產生了偏移。如今，我們已經不需要再去追求同一個標準，然而「品格」的重要性卻保留了下來，因此也有很多人會用這樣的方式來解讀現在的巴黎。

那麼，就現今的社會來說，品味究竟是什麼呢？我認為是生活方式的品味，或者是思考方式的品味、待人接物的品味。事實上，在表現出真實自我的過程中，就能呈現出良好的品味，而且最重要的關鍵是，你想成為什麼樣的人？你希望別人怎麼看待你？

很久以前有一部由本木雅弘先生所主演的日劇，名為「STYLE 造型師」，他在劇中飾演百貨公司高級服飾店的造型師，得要替各式各樣的人搭配造型，從而衍生出精彩絕倫、激勵人心的故事。其中一個故事的主角是一對關係相當惡劣的夫妻，靠著穿著打扮的提升讓彼此的關係重修舊好。故事中的妻子曾對丈夫說：「對穿著打扮沒有興趣的人，事實上就是對自己沒有興趣。」正確的台詞我已經忘記了，不過大致上的意思是如此。

對穿著打扮抱持著興趣，就等於是會想要「好好對待自己、好好挖掘自己」。能夠做到這一點，就表示在面對他人的時候，也可以好好相處吧。相反地，光是身材好、長相美，但卻沒有好好面對自己，在待人處事上用的就會是自以為是的方式，或者人際關係方面的往來也會比較疏遠。所以我認為穿著打扮是生活方式的問題，說到底，最重要的還是能不能找出自己最真實的樣貌。

我在看人的時候，並不會採取「這個人身上穿的衣服是最新的設計」、「服裝的品味好或不好」這樣的角度。但如果對方曾經覺得自己的打扮方式被我批評了，或是我的話語造成的誤會，我也都會深切反省。

前田先生是我大學時代的恩師，現在已經八十多歲了，但他的思維非常自由、非常有創意，完全沒有被豐富的知識或年齡所侷限。平常他總會穿著普通的襯衫及西裝褲，打扮相當簡樸，但不管走到哪裡都會讓人眼睛為之一亮。

所以我想，比起懂不懂打扮來說，讓人覺得「有意思」反倒會更有魅力。

我的起源

「栗野先生，您的服裝設計能力是因為什麼契機而覺醒的呢？」
經常有人會問我這樣的問題。稍微回溯一下記憶，我想到的是小學的時候，喜歡看電影的媽媽帶我去看的一部歐美電影。我很喜歡看歐美的影集，尤其是海盜的故事。正義的夥伴們會穿著白色的衣服騎著白馬，邪惡的壞人則穿著黑色的衣服，騎著黑馬。另外，幫助正義陣營卻不幸被殺死的角色則會穿米色或灰色的衣服，騎著花色的馬，這樣的做法讓我容易分辨人物，像是對重要的角色做了記號一樣。

也就是從那時候開始，我會單純地用簡單好記的標誌來當作記號，「長得帥身材又好的正義使者，打敗了比較醜的那些人…」我腦海裡的小劇場就會變成這樣。原本演壞人的人，如果在劇情發展過程中因為幫助好人而被殺死，成為幫助正義夥伴的角色，也會讓我覺得很帥。與此同時，我發現自己對於展現角色特性的「服裝」產生了興趣。

會對「服裝」產生興趣，可能也跟我的成長過程有關吧。我是一九五三年在紐約出生的，當時擔任外交官的父親正在美國任職。不過在我出生一年後，就舉家回到日本了，所以我完全沒有任何對於美國的記憶。四歲起的兩年期間，我住在奧地利的維也納，這裡就留有一點點記憶。我記得父母親每個周末都會帶著我和哥哥去美術館或歌劇院。當時我還太小，不懂樂趣在哪，但現在回想起來真的是非常難得的經驗。由於我的父母親都承受過戰爭的洗禮，所以總認為可以好好地接受教育、可以好好地欣賞美好的事物，是全天下最幸福的事情。

當時的維也納，日本人可說是相當罕見人種，因此有一天當我們在河邊野餐的時候，有一群少年半開玩笑地對著我們丟石頭，不幸的是石頭直接朝著我襲來。父親對那群少年嚴加訓斥了一番，不過這起事件也讓我了解到「差別待遇」及「霸凌」的意涵。回國後，我沒有將自己的海歸身分告訴任何人。對現代人來說，「海歸子女」大多是加分項目，但由於我那個年代日本國民還有濃濃的戰敗意識，我家附近就有個被霸凌的孩子，整天被說：「你這傢伙是美國人的朋友。」被欺負得可慘了。再加上小學的時候，每個人都不想要被當成「特別的孩子」，所以我才會隱瞞自己的出生地及住在歐洲一段時間的經驗。這個故事讓我學會的是，人對於與自己不同的事物，通常在心態上並不是那麼開放，雖然感到很遺憾，但這卻是事實。

在國外旅居過不見得就是富裕人家，回到日本之後，我們也不過是非常普通的平民老百姓，過著非常普通的生活。當時的日本還沒像現在這麼豐饒興盛，所以母親老是會說，父親出外工作，還沒將薪水拿回家，所以沒辦法買什麼菜餚，只能吃著白飯、靜靜等待。

我的父母親都是非常精實的人，父親長年在海外工作，甚至還去過敘利亞及柬埔寨等國家。特別是波布政權建立前後那段時間，父親在柬埔寨的所見所聞造就了他追求和平的堅強意志。退休後，他在廣島大學的邀請下開始投入和平相關的研究，並對「和平中心」的發展盡了一分心力。可惜的是，小時候的我對於父親的工作沒有太大的興趣，幾乎沒有跟他聊過這方面的話題。不過回過頭來看，我認為自己總是會不停思考「為了世界和平，自己可以做點什麼」之類的問題，應該就是父親帶給我的影響吧，因此，我對父親總是心懷感恩。

母親給我的愛馬仕絲巾

另一方面，我認為母親是一個很會打扮的人。由於她的身材非常嬌小，所以總是穿訂製的衣服。不過母親並不是一個喜歡華麗風格的人，她最常掛在嘴一句話就是「訂做的衣服版型很好」。身形的改變可以調整體態，而良好的體態可以讓人們謙讓三分。

好東西才能長久保存，這是母親教我的觀念，意思就是用品質去看待事物的價值。我人生中第一次感到「這東西好時尚」的那個瞬間，迄今我都還牢牢記得，當時我差不多二十歲，母親給了我一條愛馬仕的絲巾，她說：「我已經沒在用了，如果你對服裝有興趣的話，就拿去用吧。」我開心得不得了，那條絲巾我到現在都還留著。母親把絲巾送給兒子這樣的案例或許很罕見，不過小孩子從父母親那邊拿到的，不可能是什麼不好的東西，並且還是承繼價值觀及審美觀的好機會。日本的和服也是這樣代代傳承下來的。

事實上，這條絲巾的完成度相當高，絹布的材質相當好，上頭印製的花紋也很特別。我拿到這條絲巾已經有四十年以上，在此之前母親還用了好一陣子，可以說它工作到現在已經有五十多年。由於是絹絲材質，所以必須要送去乾洗，或是用手小心謹慎地清洗，不過只要好好保養，絹絲及羊毛材質的製品都可保存很久。一條從母親那邊得到的愛馬仕絲巾，讓我了解到品質、色彩的選擇，以及花樣設計等細節的重要性，可以說學到了許多時尚的本質。

搖滾歌手是時尚的範本

小時候住在國外的經驗，對我日後的價值觀建立帶來了莫大影響。回到日本之後，也就是一九五〇年代末期，日本的「設計」、「音樂」及「電影」反過來對我造成了不小的文化衝擊。文具或糖果的包裝、玩具的拙劣設計、當時傳唱度最廣泛的歌曲曲調，還有就是電視上的歌手，看起來就像個鄉巴佬，我感受到的淨是這類的負面衝擊。就連透明膠帶品質，也差了人家一大截。身為一個小孩，身旁的所有物品讓我產生了「文化發展遲緩」的感覺，這也讓我建立起一種「崇拜西洋」的價值觀及審美觀。直到好多年之後，我成為了採購，才真正了解到日本製作的服飾品質有多好，以及日本設計師有多麼獨特，不過在此之前，我的西洋崇拜觀念依舊持續著。

上了國中之後，我認識了披頭四（The Beatles）等等的搖滾樂團，這也成為我建立價值觀的基礎背景。自從十一歲時聽到披頭四的歌曲之後，我就認為搖滾歌手所穿的衣服，真的可以當成服裝的範本。六〇年代前半，早期的披頭四可以說是藝術家，團員全都穿著同一個款式的衣服，唱著單純的情歌，不過到了六〇年代後半，他們就開始留起了鬍子，並且各自有了不同的打扮風格。另外，歌詞中也加入了哲學或和平等等的元素，從偶像轉變為歌手，甚至成為傳遞訊息的信使。

披頭四讓我知道自我身分在確立的過程中，穿著打扮會跟著改變，而且服裝會如實地將我們想傳達的訊息揭露出來。

不久之後，我開始覺得滾石樂團（The Rolling Stones）也很帥，他們打從一開始就沒穿過同樣的衣服，呈現出來的就是英國勞工藍領階級的典型裝扮。剛好那時候英國也跟上世界變化的腳步，開始進行民主化，勞工階級出身的男女英雄們不斷冒出頭，代表人物就是披頭四及滾石樂團。緊接著，我在熟悉大衛・鮑伊（David Bowie）及布萊恩・費瑞（Bryan Ferry）的過程中，世界觀被他們的歌詞及訊息影響很多。對我來說，他們是我從國中升上高中的英文老師，也是時尚思維及創意發想的源頭。

歌頌時代的高中時期

從國中開始，我終於可以自己選想穿的衣服；升上高中後，我會打工存錢，然後把錢拿來買衣服，我還記得用自己的錢買的第一件衣服是連帽外套，當時的價格是一萬五千日元，差不多等於現在的六萬日元吧。對高中生來說，真的是一大筆錢。而且那時候的打工機會也沒有那麼多元，暑假我只有到居酒屋去當送貨員，時薪是兩百日元，一整天工作下來頂多是一千五百日元左右。

高中我參加的社團是新聞社，我們為了反對穿制服，曾經發起反制服運動，擅自穿著居家便服就到學校上學。我當時就是穿著自己買的連帽外套。雖然我就讀的是一般的市立高中，但身旁的好朋友們卻每個人都忙得像隻麻雀一樣，有的玩樂團、有的搞學生運動，幾乎沒有人會認真地到學校上課學習。在我們畢業之後，穿制服的規定終於被廢除了。

除此之外，我還參加過反對越戰的學生抗議遊行，甚至被維持治安的機動隊人員打過。畢竟是高中生所組成的遊行團體，不可能有太過激烈的舉動，但可能是我的態度太過狂妄了吧。機動隊人員突然就一拳揍了過來，我的鼻血立刻汩汩流出。那是我第一次用身體感受到「以權力為後盾的暴力行為」。

不管怎麼說，搖滾樂還是我的最愛，當時的日本仍處於黎明時期，所以搖滾樂團及民俗樂團總是交替表演。不久後，開始有了專業的舞台，宣傳時也會到處貼海報了。Happy end、久保田麻琴與夕陽樂團、吉田美奈子、頭腦警察、村八分、Blues Creation、Carol、Flower Travelin' Band、Far Out、Maki Annette Lovelace…還有舊名為 Andore Kandore 的井上陽水，這些表演者我都會去看。能夠在日本搖滾史的創世紀階段聽到現場演唱，到現在我仍感到非常幸運。

因為父親的工作比較特別，所以在我上國中的時候，父母親是一起住在國外的，而我和哥哥則在日本相依為命，不過當我升上高中之後，哥哥也去國外留學了，於是就只剩我一個人留下來。那時候，我家經常變成朋友們聚會的場所，而我之所以沒有因此陷入交往複雜的人生，主要是因為父母親跟我說過：「你想要做什麼都可以，但請自己扛起責任。」自始至終，我一直遵守著這句話。

另外，當時幫忙照看我的婆婆是一個非常棒的人，對我疼愛有加。她來自京都，煮得一手好菜，總是一副悠閒自在的樣子，不過卻有旺盛的好奇心，根據她的說法，她有六個兄弟姐妹，其中三個哥哥分別是「畫家、將棋棋士、海盜」，不過是真是假我無從得知。終生不曾結婚的她，身邊總有非常多特別的朋友圍繞著，對於與他人比較，或是物質上的欲望，她都興趣缺缺，無欲無求但卻過得豐盛快樂。婆婆的名字是「豐子」，我從她身上學到了什麼是「真正的富裕」。

高中畢業後進入裁縫店當學徒

由於高中時期我每天都過得精采萬分，所以不免對考試制度及重視學歷的現實社會產生了抵抗，最終決定不上大學，高中畢業後就到裁縫店當學徒。我的想法是，讓自己擁有一技之長，成為專業的職人之後，不管走到世界的任何角落，應該都會有一口飯吃，而且還能在社會系統之中確保自己的自由。再者就是我的審美觀，對我來說，裁縫的手工技巧「真的非常厲害」，但真正讓我大感震驚的是，老師在指導的過程中對我說：「你真的做得很好。」這讓我產生了很深的共鳴，並且也希望自己能在這個領域創造價值。即使到了現在，跟職人有關的事情依舊深繫我心，因為那就是我職業生涯的原點。

不過那時候老師說：「如果你不利用假日練習針線的用法，那絕對沒辦法成為專業職人。」但我老是往電影院、美術館還有唱片行跑，所以最終還是選擇放棄，才待了四個月就離職了。隨後，我參加了大學的入學考試，並考取了和光大學。進去就讀之後，我找到了自己的人生替代方案。

當時在我身邊的人要不就是嬉皮，要不就是新左派，不過倒是都能在玩樂中兼顧學習。我們所研究的是「圖像學」（Iconology），「讀取繪畫作品中所蘊含的意義」就是這門學問的核心重點。

幾年後，由於電影「達文西密碼」（The Da Vinci Code）票房告捷，讓人們開始注意到圖像學這項技術，也因此，在對外人說明我的專業時就變得容易許多。片中的主角羅伯 ・ 蘭登教授就是專門研究圖像學的學者。比方說波堤切利所畫的「維納斯的誕生」，跟文藝復興時期的基督教啟蒙有很深的關係，這幅畫作本身的背景及細節，有好幾個地方都被貼上了「邪教」（非基督教）的標籤，而圖像學就是要針對畫作本身的意義以及那些標籤的含意，進行深入的研究。

一九七四年左右，日本幾乎完全沒有圖像學的教科書或教材，所以我們都必須去影印國外的文獻書籍，然後一邊查字典一邊研讀。高中時期我就曾將搖滾歌曲的歌詞翻譯成日文，到了大學依舊延續著這股熱情，真的單純是「為了想了解內容拚命地查原文」，對於不喜歡讀書的我來說，這是第一次感受到學習的樂趣，而且還親身感受到學習的效果。「解讀事物背後的意涵」這樣的作法與思維，就成了我在時尚業界最大的武器，

那麼，要來談談我的另類人生方案了，我現在的工作是在時尚相關產業，不過原本我最喜歡的是音樂，大學時期還曾到唱片行打工，當時老闆問我「要不要成為正式員工？」

但我認為如果把最喜歡的事情變成工作，那麼當自己走到窮途末路的時候，就沒有什麼能用來自救了。所以我才會想要選擇第二喜歡的時尚業，並進入鈴屋西服訂製公司。雖然我在鈴屋是從銷售員開始做起的，但這時的我的確踏上了通往時尚領域的道路。爾後進入了 BEAMS、創辦了 UA，一晃眼，我進到時尚流行產業已經超過四十年以上了。

凸顯個人魅力的時尚重點是「顏色」

以時尚圈來說，靠品牌或傳統來決勝負的時代已經結束了，身材高不高也沒有太大的影響。那麼，能夠凸顯個人魅力、讓人看起來亮眼有型的關鍵是什麼呢？我認為是「顏色」。在所有時尚相關的環節之中，日本人對顏色最沒輒，但那卻是最該好好「相處」的夥伴。

有很多人會認為自己挑選服裝時，決定因素是設計或版型，但事實上，每個人都會有各自適合的顏色，比方說臉的顏色、頭髮的顏色，乃至於能夠展現性格的顏色等等。如果能找到適合自己的顏色，並且好好地運用在穿著打扮上，看起來一定就會很時尚。

不過，沒有人打從一開始就知道自己適合什麼顏色，就由我來說明一下如何發掘。如果有人對你說「這件衣服好適合你」，你就可以把它當成「直覺練習」的機會。「哇，很適合對吧，真開心。」先坦率地接受讚美，接著深入思考「為什麼會適合」。

比方說你在穿著一件深綠色西裝時受到稱讚，此時先不要去想為什麼，而是要把「很適合自己」這個既定的事實當作出發點，接下來換試穿綠色的毛衣或者是綠色的外套看看，如此一來，你與顏色的交手就此展開、開始投入對於顏色的研究。在持續累積「穿著綠色衣服」的相關資訊之後，接著開始嘗試其他的顏色，從而觀察自己有沒有什麼不同，慢慢地就能對自己有更多了解。另外，也可以多觀察其他人穿綠色的狀態，看看跟自己比起來有什麼差別，種種的分析都是有意義的。

研究色彩的專家會從肌膚的顏色或體型的差異，去解析個人與顏色的搭配狀況，不過我比較建議還是要「以事實為出發點」，畢竟科學分析所得到的成果不會是絕對值。我所採用的是人類文化學的田野調查模式，並將研究對象改成了「自己」，這麼一來就可以用最為貼近的方式徹底觀察未來的調查對象。

而我研究的方向不是「為了知道自己為什麼適合某種顏色」，反而是在得出結果之後，開始跟那個顏色攜手合作。

我自己在挑選衣服的時候，也是把顏色擺在第一位。有時候我會以設計性為優先，偶爾也會以季節的顏色來挑選衣服，不過，所有被我拿來選擇的衣服，全都是我個人喜歡且非常吸引我的顏色，由此可見我真的很在乎對顏色的重要性。因為這樣的習性，所以我曾經在某一年幾乎都只穿咖啡色的衣服，隔年則穿了很多灰色的衣服。

母親喜歡的顏色是深藍及灰色，所以我小時候幾乎都是穿這兩種顏色的衣服。於是，當我可以自己挑選衣服的時候，我心裡的想法就是「要挑深藍及灰色以外的顏色」，所以一開始挑選了綠色及酒紅色的毛衣。但後來我發現，深藍及灰色真的就是我的基本色。所謂的基本色，就是適合自己的顏色。

用飲食來打個比方，從小我就跟著父母親吃日本的食物，於是長大後就想嘗試看看異國料理，突然有一天，出現了一個到異國料理餐廳用餐的機會，整個享用下來感覺都很不錯，對食物的品嘗開關也打開了，也才終於知道原來平常吃的白飯配味噌湯是如此美味。一次的嘗試讓人了解到異國料理究竟好在哪裡，同時也知道什麼是「基本」，接下來就可以享受拓展的過程，比方說像是：「下次在烹煮日式料理的時候，把異國的元素加進去看看吧」。研究顏色也是同樣的道理。

如果能像「食育」一樣有「服育」，那就太好了

關於顏色還有一個有趣的地方，那就是制服。世界各地都有制服，不過顏色大部分是深藍或灰色。不過就這點來說，非洲是個特大的例外，因為他們所採用的顏色相當五花八門，有人會用螢光綠的西裝褲搭配淺灰色的襯衫，或是用深粉紅的學生裙搭配淺粉紅的襯衫，也有人會穿咖啡色的褲子搭配黃色的襯衫。這是因為非洲人的肌膚顏色比較深，所以非常適合搭配鮮豔的顏色。在充滿黃土及灌木的環境中，或是在矮屋林立的小村莊裡，看到有人穿著顏色鮮豔的制服，不僅會讓人感覺很潮，而且整體畫面也呈現出很可愛的視覺感。

相反地，日本的制服就真的是以深藍及灰色為主，對日本人來說，這兩種顏色就是基本盤，前面我所講到關於「基本」的意涵，所以對制服來說，遵循基本盤或許並非壞事。我在高中的時候是反對穿制服的，不過主要是對社會強制要求學生穿制服的反彈，但對於顏色的機能，以及顏色所帶來的結果，也就是屬於「服裝教育」（服育）的部分並不會否定。

再者，深藍及灰色也是社會環境的構成顏色，也就是符合時間、地點、場合及社交禮儀的基本顏色。對於一個新認識的朋友，如果想要加深彼此的了解，就不要在一開始的時候太過彰顯自己的想法，反而要跟對方一起站在同一個位置，甚至要越靠近越好。

食物教育（食育）的精神是，當我們接收到的食物很美味，就可學會美味的基本概念。我們是學校提供餐點的第一代，可惜的是，當時學校給的食物並不好吃，我們就是被那些不怎麼好吃的食物給養大的。如果當時那些食物很好吃的話，或許我的味覺會比現在更好。服育也是如此，如果可以從小學開始就提供品質優良且顏色鮮明好看的衣服，長大之後選擇衣服的方式應該也會有所不同。

除了顏色之外，還有一個凸顯個人魅力的重點，那就是平衡，這也是另一個讓

日本人感到棘手的項目。比方說年輕女性很流行在裙子底下再穿一件褲子，這會讓雙腿看起來變得很短。上衣的線條、裙子的線條，再加上褲子的線條，重疊在一起的衣服讓線條增加，個子就會看起來變小，而且還會變胖。在穿著打扮上，我們都有個不要讓自己看起來變胖的黃金守則，不過首要之務是先不要以重疊的方式穿衣。簡單的一件適合自己的衣服，可以抵過好幾件不適合自己的衣服疊穿。在穿西裝或套裝的時候，上下都選擇同一個顏色會讓人感受到清爽且聰明的感覺，更重要的是看起來會比較高。

Notes

食物教育（食育）
就字面上的意思就是「飲食教育」，是近年世界各國重視的孩童生活素養之一，要讓孩子懂得感謝食物、不再浪費，進而關懷土地，然而此觀念在台灣目前尚未普及。

壓箱底的衣服比正流行的還要好

流行就是這樣，一旦開始風行起來，所有人都會一窩蜂跟著穿，也不管自己到底適不適合；包括懂得怎麼穿的人跟完全狀況外的人，也都會跟著穿，這就是所謂的流行。我覺得日本人從以前到現在都有點太過重視流行了。讓我們把焦點移到國外，以紐約來說，當地有所謂的熱潮（fad）之說，也就是某個東西會突然流行起來，然後又瞬間消失。至於在法國或英國，比起流行的趨勢，人們更在意的是那些單品適不適合自己。

流行的物品並不見得是最新、最時髦的。我在第一章也有提到，有些人只要把流行單品穿在身上就會感到安心，但這已經是過去式了，而且是過往流行時尚業者用來與消費者溝通的模式。至於現在，「穿上這個，你就走在流行尖端」之類的廣告台詞，根本無法成為讓人安心的元素。

再來談談壓箱寶的舊衣。若以「我的壓箱寶」來形容，即使是幾十年前的衣服，感覺就很有價值。有些人會直接把壓箱底的衣服拿出來穿，有些人則會用新的飾品或靴子去做加分的搭配。就算一直都穿同樣的衣服，但好好地在顏色或飾品方面下工夫，並配合當下的季節，不管是去年或甚至前年流行過的單品，還是可以透過穿搭來展現最新的風格。當然也有些人會覺得一切都無所謂，「我就是喜歡這麼穿」，這絕對是個人意願，沒有誰對誰錯的問題。

男性特別能夠長時間穿老舊的衣服，我穿最久的鞋子已經有二十年以上，甚至有件毛衣還穿了三十年左右。現代人已經可以用正面的態度來看待時間流逝所帶來的「老化」（經年累月的改變）。就像日本的侘寂（Wabisabi，不完美的美學），在國外專業人士的眼中已經變成是非常積極向上的用詞。

「襤褸」（日文發音為 Boroboro，破舊不堪之意）一詞原本是用來形容貧窮的農夫，因為沒有錢買新的衣服，都會反覆穿著破舊且傷痕累累的衣服，甚至還會層層疊疊蓋上去。沒想到現在這樣的概念紅到國外去，並且外國人還用「BORO」來形容這類的款式，就因為國外的收藏家們非常喜歡，所以 BORO 的附加價值整個提高許多。在歲月之中看出價值，就是所謂的「成熟」，就像不斷增長的年齡在人們臉上刻畫出美麗的痕跡一般…

反覆審視這些重點，就會發現服裝的本質並非流行，而是挖掘自我。適不適合自己？該怎麼好好地呈現出最真實的自己？能不能不管他人的評價，讓自己一直保持好心情？這些才是最重要的。就算身旁的人嚷嚷著「那個古馳（GUCCI）的新品好好看」、「那個普拉達（PRADA）的 XX 好特別」，古馳（GUCCI）跟普拉達（PRADA）當然都很好，遺憾的是你個人並不會因為被說了這些話而變得時髦起來。

Notes

侘寂（Wabisabi）
是一種可接受短暫和不完美為核心的日式美學。侘寂有時被描述為「不完美的、無常的、不完整的」。特徵包括不對稱、粗糙、不規則、簡單、低調、自然的完整性。在現代生活精神面的體現，沒有什麼能長存、是完成的、是完美的。能接受這三樣事實，就能接受知足是一種成熟的快樂。

古馳（GUCCI）
一九二一年由古奇歐· 古馳（Guccio Gucci）於佛羅倫斯成立。產品包括時裝、皮具、皮鞋、手錶、領帶、絲巾、香水、家居用品等，一九四七年推出竹節包（bamboo bag），至今仍是最受歡迎商品之一，一九六二年又推出以美國第一夫人賈桂琳．甘迺迪為名的「賈姬包」（Jackie O'Bag）轟動全球。目前 GUCCI 在《福布斯》最有價值品牌排行榜中仍然名列前茅，可見品牌有多受消費大眾喜愛。

終極提問「到底怎麼樣才能變時髦？」答案是…

聊回穿著打扮這件事，曾有人問過我：「到底怎麼樣才能變時髦？」這真是一個終極的問題。「沒有正確解答。」如果我這樣說，大家應該不會輕易放過我吧。所以我想給予一些建議，首先第一個是「不要再買了」！一個賣衣服的人來說這種話真的有點奇怪，不過我還是希望大家在買衣服之前，應該要先讓自己緩一緩，試穿看看是不是真的適合自己，慢慢地思考到底有沒有必要買。不管衣服設計得多好看，還是有可能會不適合自己穿，請務必將這個事實放在心上。

買衣服（把商品買到手），這件事本身當然是讓人開心的，不過，消費買東西的滿足感，跟得到適合自己的品項時油然而生的那種充實感，兩者雖然相似，但本質上卻有很大的不同。買到手的滿足，與讓自己變時髦的那種自我實現的感覺，真的有可能會搞混。

那麼，有什麼方法可以讓人找到適合自己的衣服呢？

首先，把自己最喜歡的衣服，或是被最多人稱讚的搭配，好好地穿起來，並站到自家的穿衣鏡前面，連鞋子也要穿起來，這是最大的重點。在我剛進入時尚業界的時候，就曾經有前輩給了我一個建議：「買一面可以照到全身的鏡子。」當時我從少得可憐的薪水之中拿了大部分出來，買下一面大大的鏡子，時間過去四十年了，直到現在我還是很喜歡那面鏡子，它是我精實的夥伴。

不管是誰，一定都會有那麼一件覺得自己穿起來最適合、最有自信的衣服。把它穿起來，站到鏡子前好好看看自己，想想「為什麼這件適合自己？」「為什麼我會這麼喜歡？」「為什麼穿這件衣服出去的時候一定會被稱讚？」冷靜地分析一下這些問題。

是顏色的關係嗎？是看起來很高的關係嗎？是質感很好的關係嗎？我相信在其中一定有個要素很「適合」你。好比說肌膚的顏色、手腳的長度、肩膀的寬度…就是因為衣服和身體巧妙地搭上了，所以才會有「適合」的感覺，評價也才會那麼好。

就像我前面所提到的，流行的基本要素是顏色及平衡兩相搭配起來的結果，所以要先從適合自己的顏色開始嘗試，同時也要找到屬於自己的平衡感。然後再以兩者為根基，用加一點、減一點的方式慢慢將新的元素加上去。在這個過程中，自信會跟著提升，也應該會變得越來越喜歡自己。

以前 UA 有一位女性採購名叫 Kiyomi，有天晚上她在自己家上演服裝秀，因為太過專注了，居然貧血發作昏倒在地。由於倒地的時候發出了巨大聲響，讓她的母親嚇了一跳，趕緊到她的房間查看，結果看到她半裸著身體倒在地上。「妳到底在幹嘛啊！」她的母親當下有多驚慌可想而知，我雖然不曾搞到貧血昏倒過，但同樣會每天思考自己的穿著打扮，直到現在也會舉行一個人的服裝秀，弄到滿身是汗的情況也所在多有。

對我來說，這是我的工作，所以會先拿自己來做實驗，也就是在栗野這個人身上做各種嘗試，套上各式各樣的衣服，然後看看合不合適、好不好看。試著試著，就會得出最適合自己的裝扮，而那樣的滿分搭配也會變成像是個人的「制服」一樣。

如果我經營的不是服裝店的話，那以上所做的事情就可以畫上句點了，不過由於我的工作是服裝的提供者，必須要向消費者提案，因此不得不買進各式各樣的衣服、試著穿穿看搭看看，才能得出結論。況且，如果只停留在安全的區域是無法進步的，所以我與服裝的兩人之旅還是會繼續進行下去。

穿著打扮用減法勝過用加法：單一主角理論

在此跟大家分享一個祕訣。每天在思考要怎麼搭配衣服的時候，決定主角是最重要的一件事。就算是小東西也無所謂，比方說領帶。如果今天決定要戴顏色搶眼的領帶，那麼主角就由領帶來擔任，哪怕面積很小也一樣。為了讓領帶可以好好當主角，盡情演出，應該要搭配這件襯衫、穿上那件外套，如此一來領帶就自然能在垂落的地方被看見。但如果全部都當成主角，彼此的能量會互相抵消，當然也就不會有什麼效果產生。

我經常說，用減法的觀念來打扮自己，會勝過加法的觀念。因為越是簡單的品項，越能展現自我風格。把好幾個名牌的商品一起放到身上，並不會讓人變得時髦。有些人把元素各異的品項大量地穿戴在身上，認為這樣就能發揮出一加一等於二、二加二等於四的效果，可惜的是，我必須說：「沒有這種事。」隨隨便便將名牌商品穿上身，或是把幾件風格強烈的衣服混搭起來，結果讓所有原本閃閃發光的單品全都失去了魅力，這樣的例子我還真看過不少。加法思維運用起來很簡單，但如果沒有深入考量加完之後的結果，反而會損及物品本身的優點及價值。飾品也是如此，反倒都是用減法的思維能得到更好的成果。

另外我還特別提到的是日本女性非常喜歡的「小東西」，像是小項鍊或小飾品等等，都會給人一種半調子、不完美的感覺。「有點可愛」、「有點漂亮」、「有點高級」…我覺得，如果要用這種半調子的方式來滿足自己，還不如什麼都不要買，或是直接下定決心買一個真正高級的飾品，即使是仿製品，至少也要買大一點的比較好。在時尚的觀點之中，我認為最不好的就是明知道加得太多餘了，依舊選擇妥協；明明自己無法接受，卻還是勉強自己接受了，這樣真的不行。我們每個人都必須要擔任那個「最嚴格批判自己」的人。

有很多人會過度在意別人的眼光，但卻不去探究自己在本質上適合哪些東西，更不願意好好地面對自己。一旦太過重視別人的眼光，就會發生將流行物品或潮流名牌商品不停往身上放的現象。

「Cheap Chic」是一九七〇年代在美國出版的一本暢銷書，在日本也有翻譯版上市，副書名是「不花錢也能呈現時尚感的穿搭法」，這本書骨子裡想傳達的思維就是：「世界上有非常多好看的衣服，如果能用開放的觀點從中挑選出適合自己的品項，就不需要再依賴名牌，並且成為流行時尚的頂尖人物。」出版迄今超過四十五年，書裡所提到的觀點對現代人來說還是一樣重要，可以稱得上是一本經典的時尚綱領。

「透過自己的感受去生活，對任何事都不抱偏見與先入為主的觀念」，這是最簡單但卻也最難做到的事情，特別是在衣服的挑選上，許多人（尤其是日本人）都會有依賴名牌商品的傾向，然而從各種角度來看，如果自己能夠擁有辨識真品的能力，那麼每個人都可以更自由、更有活力，且更自然地穿搭出自己的風格。「Cheap Chic」就是在教導人們了解這些重點的一本書。

在尋找自我的旅程上，「自己」才是最重要的主角。所以，我覺得每個人都要對自己多點自信，透過減法思維讓自己變得更好，如果發現自己有任何很好的轉變，也別忘了好好稱讚自己一番。

對服飾店的一員來說，推薦優質的衣服給客人也是工作項目之一，這項任務無非就是藉著觀察客人的個性與特色之後，給予選擇上的建議。而個性，就是我們每個人的真實樣貌。我們提出建議，但並不會強迫客人一定要買。藉由行為舉止的觀察，以及少量的談話內容，去判斷對方的需求是什麼，具體的方向在哪裡，並且，如果推敲出一個方向了，那會是最好的選擇嗎？用這樣的方式跟客人一起深入探索…如此一來，客人與銷售員就能展開一場新的旅程。

我覺得值得信賴的銷售員就像是心理醫師一樣，不過說真的，並不是每一位銷售員都是天生帶有高尚品味的人，或許真有那麼幾位特別出眾的人才，但大部分的銷售員都沒有足夠的知識與資金，他們也是從零開始學起。銷售員跟著客人一起學習成長，對銷售端及受眾端來說，都是建立正面關係的好方法。

長此以往，客人將會變成忠實且充滿熱情的好顧客，有時候銷售員換人了，忠實的客人還會打電話到總公司抱怨一番。對銷售員來說，到不同的門市去歷練是必要的，所以真的很兩難，不過從類似的事件也可以看出，值得客人信賴的銷售員，對商店來說是不可或缺的。真心感謝銷售員們的付出及客人的支持。

時尚是給社會的訊息

時尚潮流的話題是怎麼說也說不完的，不過當中的原理卻很單純，簡單來說就是「自己與他人的關係」。其實不只是在穿著打扮，在任何層面上給予自己正確評價，並且為了能夠保持客觀態度，讓自己與所有事物保持適當的距離，這是非常重要的關鍵。關於這一點，在時尚的領域之中，有個好東西可以幫助我們學習如何跟周遭事物保持最佳距離，那就是穿著打扮。透過衣服的穿搭，我們可以對社會傳達出「我就是這樣的人」之類的訊息，反過來說也可以透過讀取對方的穿搭訊息，了解到「原來你是這樣的人啊」。讓人們可以交流觀點、加深對彼此的了解，是時尚流行非常重要的另一項功能。為什麼巴黎的咖啡廳座位都要朝向馬路？原因就在於「看見及被看見」，這是人際交流的基本。

一個西裝筆挺的男性企業家所散發出來的時尚感，並不光只是來自襯衫、領帶或皮帶。發掘出真實的自我，並且樂於對外展現，是一件相當困難的事情，如果有個範本可以照著做，當然會簡單許多。

男性的服裝常帶有「壓抑」的性質，細節、品質、材料、顏色的組合等要素都很重要，然後在最小限度的地方將本質濃縮進去。即使男性的服裝大多有「制服」的感覺，但穿的人還是可以按照自己的創意及性格，讓制式服裝看來充滿能量。

另一方面，現實社會對於女性的服裝多少也是有些規則限制，不過基本上比較偏向是「穿什麼都可以」。畢竟是想要透過服裝來展現自我，所以多多少少還是會摻入一些彈性。

這些社會化的行為與認知，能讓我們了解自己與整個社會的關係，一旦對自己有所了解，就得開始深入思考哪些部分要多表達一點、哪些部份要稍微低調一些，包含表達上的修飾、推或拉的力道調整，都要深入思考。我偶爾也會有「風格強烈」的裝扮，不過會不會太強烈，還是要由看到的人來判斷。如果想要自己說的話更具說服力，就不能把自己的想法強加在別人身上。

服裝是展現自我的工具，但要是在時尚潮流方面太過強調自己的主張，就超過展現自我的範疇了，甚至有可能會讓人感覺到壓迫。風格強烈的眼鏡、領帶或鞋子…這些都是我很不會處理的單品。感覺上這些東西就是會沒來由地打斷別人說話，然後搶著表達自己的想法，像是說著：「你看，我很時尚吧！」過度凸顯自我的打扮，並不能稱為時尚，而且還可能會讓受眾感到疲憊，所以我並不會那樣做。唯有讓自己與他人都感到舒適開心，雙方才能相處融洽，不是嗎？

「沒有記憶點的衣服」有什麼含意

進行銷售的時候，自己身上穿的衣服往往會被客人注意到，有時候也會因此而開啟話題。比方說銷售員從上到下都穿著 UA 的商品，客人就會說：「UA 的銷售員全身都會穿自家的衣服呢。」那麼，如果大部分都是 UA 的商品，但卻混入了其他品牌，也有可能會引來「這個不是 UA 的吧？」「只有這個不是你們家的商品耶。」之類的反應，我認為這絕非壞事。相反地，如果全身上下只穿了一個 UA 的商品，客人卻說：「看起來好像全都是 UA 出品的。」這也算是一種特殊技能吧。

然而，有一天我突然往上想了一層。引發我思考的事件是「客人不記得銷售員身上穿的衣服」，但對於接受服務時的好心情卻牢牢記得。當然，在資歷尚淺的時候，可以把「這個銷售員品味很好耶」、「被他勸敗的感覺還挺不錯的」之類的評價設為努力的目標，但累積了足夠的經驗之後，應該要讓客人留下「他的服務讓人感到很舒服」這樣的印象，我認為這才是真正厲害的銷售員，比「身上穿的衣服被客人注意到」還要更好。

個人的穿著打扮也是如此。「跟他相處起來很舒服，讓人覺得心情很好，雖然不記得他身上穿了些什麼，不過倒是留下了很好的印象」，這種穿搭的方式，我認為這就算不是「正確答案」，也會是探究正確答案時的一個重要提示。因為要讓人感到舒服愉快，最大的前提就是自己必須是一個心情愉悅的人。

時尚的「忖度」與禮儀

前面我有提到「時尚是學習距離感的好工具」，觀察周遭的一切，並且深入思考，然後盡量不要去做那些基本常識以外的事情。我經常會在穿西裝的時候搭配 New Balance 的鞋子，不過若是要去參加葬禮，穿休閒鞋就不適合了，所以說，要先學會分辨時間、地點及場合。

「忖度」是日本的常用語彙，意為揣測，但多了批判及心機的意味。比方說對上司的想法進行忖度，然後根據自己的忖度做出相對應的行為。只是這樣的行為究竟是不是上司想要的，不得而知，但過度的忖度卻會讓人迷失、失去自我。當然，關心周圍的人也相當重要。只不過，如果關心是源自於「忖度」那就不需要特別回應了。畢竟忖度的揣測話語大多只是帶有批評感的自我防衛。

比方說求職時所穿的服裝，一般來說企業並不會對服裝有所規定，但求職者們在前往企業拜訪時，大多都會不約而同地穿上深藍或黑色的正式服裝，並帶著黑色的包包。說實在的，這就是一種帶有批評意味的忖度。帶著孩子到公園散步的媽媽，應該要穿什麼樣的衣服：去參加考試的考生應該要怎麼穿，這裡頭都充滿了忖度。身穿白色領子且長度及膝的洋裝，帶著不會太過顯眼的名牌包，以及膚色的絲襪，鞋子的話則是…至於孩子的衣服，也是對於他人過多揣測，最終會變成怪物的。

其實我想要表達的是，忖度的風氣如果照這樣持續發展下去，有可能會演變成另類的法西斯主義。時尚流行跟法西斯主義是完全相反的方向，基本上時尚圈的態度就是每個人都可以照著自己的喜好去打扮自己，為穿著打扮立下規定或設下限制，應該是時尚圈人士最討厭的事情。所以在此之中真的不需要有任何忖度揣測。不過，對於傳統禮節當然還是要遵守。比方說去巴黎參加婚禮，可能有人穿著夾克及牛仔褲就出席了。不過，再怎麼悠閒、再怎麼隨心所欲，也不能在疲累的時候直接脫掉鞋子，這可是違反禮儀的行為。不管走到哪個國家，在公共場合脫掉鞋子都是很失禮的事情。

所謂的禮儀，就是不要做身而為人會感到羞恥的事情，別人看了會覺得醜惡的事情也不要做，會讓人覺得不舒服的想法不可以有，也不能造成別人的困擾。這些傳統的規範應該要好好遵守。

以帽子為例，對女性來說，帽子比較偏向是裝飾品的一種，但對男人來說，帽子就如同狩獵或上戰場時會穿的盔甲，所以進入房間時應該要脫掉，這是基本的禮儀。然而，近年來大家都是為了穿著打扮而戴上帽子，所以幾乎到處都可以看到戴著帽子的人，就連電視上也經常可以看到在室內依舊把帽子戴頭上的男演員。或許這只是個單純的個人喜好問題，不過我認為在這個推崇時尚流行的年代，男人不論走到哪裡都戴著帽子也不見得是好事，當然我也不會主動去說「請大家把帽子脫下來」之類的話來強迫大家。

別在婚禮上穿黑色西裝了吧？

暫且先不深究禮儀，不過日常生活中還是有許多基本的規則，當然，不同的國家會有不同的規則，而且也還要看每件事當下的情況。比方說正式的禮服就有一些規則，而我基本上都會傾向於遵守規定。我所說的正式禮服指的是在婚喪喜慶上穿的服裝。上班時所穿的衣服屬於職場領域；而正式的場合通常不會有什麼強制規定，所以也沒有什麼正式禮服可言。另外，像是國外的外交官蒞臨的公共場合，則屬於公部門領域，跟我所說的正式場合有所不同。

正式禮服的規則，基本上就是婚喪喜慶的規則。以喪服來說，跟時尚沒有太大的關係，畢竟喪服是服喪時既定的道具，所以這類的衣服會把人物的性格抹除，只傳達出「悲傷」、「遺憾」的訊息。偶爾也會有那種自我意識強烈的人，走到哪裡都會穿同樣類型的衣服，因此會讓人想問：「你也要穿這樣去參加喪禮嗎？」其實如果真的這麼做了，反倒會招來誤會，別人若因此而認為你是個任性妄為的人，不覺得有點冤枉嗎？

以前在日本會將守靈夜所穿的衣服跟告別式當天的衣服分開來。守靈夜穿的是深灰色或深藍色的衣服，並不是全黑的，這似乎是以死者的角度去看所得出的結論。至於告別式上就是穿全黑的衣服，因為這是正式對外發布通知的典禮。可能是因為太繁瑣了，近年來相關的要求已經沒那麼嚴格了。

結婚典禮則完全相反，要穿得讓人能夠感覺到「我真的很開心」。如果不想比新郎及新娘搶眼，也可以穿牛仔系列服裝或亞麻布料的衣服。然而，在此我想大聲疾呼的是，別再穿全黑的衣服去參加婚禮了。日本有很多人，特別是男性，會認為結婚及喪禮都屬於重要場合，所以應該要穿上黑色的西裝，然後以白色及黑色的領帶來區分兩者。但這樣難道不會覺得不僅一點都沒有恭喜的意味，而且還對結婚的新人非常失禮嗎？

所以我想，如何在正式場合表達自己的想法還是比較重要的，因此，能夠表達「悲傷」、「遺憾」的衣服，以及讓人感覺到「恭喜！大家都為你們感到開心」的衣服，絕對是不同的吧。

穿著「開心」的衣服去參加結婚典禮，應該是表達祝賀的最佳方式吧。

服裝是烘托自信的工具

我對正式場合所穿的服裝，往往都會抱持著相當高的敬意，就像燕尾服，不僅在時代的洪流中被保留了下來，而且如今仍依舊閃閃發光，所以即使那類的衣服有些老舊了，我還是喜歡穿出門。根據各個不同的對象或情況，我也會有不同的穿衣選擇，比方說白天的結婚典禮結束之後所舉辦的派對活動，因為較為輕鬆，所以有時候我也會直接穿著休閒鞋去參加。

近年來，舉辦婚禮的地點產生了些許變化，我覺得這一點相當有趣。像是露營風的婚禮，或是在海邊辦的婚禮，這些都是以前不曾有過的形式。參加這類型的婚禮其實並不需要特別打扮，但我還是會盡情打扮自己，因為我很享受打扮的過程。除了儀式以外，大家都獻上祝福、樂在其中的感覺，我覺得真的很棒。

有一次我去美國的優勝美地國家公園時，帶了一件 COMME des GARÇONS 的襯衫。那並不是一件適合爬山時穿的衣服，但我還是想要帶著…這就是我的堅持，裡頭有我想要對優勝美地的自然風光獻上的敬意，同時也是對品牌致敬的一種方式。無論是在山上、叢林，或是沼澤泥濘之處，我都還是會想要穿著能烘托自信的衣服。

去非洲出差的時候，我身上穿的是即使弄髒了也依舊好看的衣服，結果當地人都覺得我很厲害，就連日常生活也呈現出美好的一面。當時我穿的是可以整件水洗，而且乾得很快的亞麻襯衫，搭配牛仔褲以及休閒鞋，對我來說這就是工作服。畢竟是去工作的，若是讓人覺得「精神狀況好像不太好」，總是有點失禮。

本來服裝就是用來烘托自信的工具，透過穿著打扮的搭配，一方面可以保有自己的堅持，一方面則是可以繼續展現自我，而時尚就在此之中。

不要讓打扮變成一件痛苦的事情

以前我也曾經認為「打扮自己是一件辛苦的事情」。在酷熱的夏天穿著厚重的衣服，或是在寒冷的冬天穿著薄薄的衣服，就是瀟灑的人該有的態度。不過我很清楚，現在已經不是這麼無厘頭的時代了，如果覺得痛苦的話，不要打扮就好了，沒有必要太過在意自己的外表。

二〇一九年，日本的社交平台上引發了「#KuToo」運動，模仿了拒絕職場性騷擾的 MeToo，並結合「鞋子」（日文發文為 kutsu）及「痛苦」（日文發音為 kutsuu），藉以凸顯日本職業女性必須穿有跟的鞋上班的現實，並表達反對的立場。這是對女性差別待遇及職場權威所發出的抗議之聲，會有那麼多人群起響應，絕對是有道理的，畢竟有跟的鞋會讓腳疼痛不堪，硬要穿對身體並不好。

不過，如果是自己想要穿高跟鞋的話，那就開開心心地穿吧。只是別抱怨「很痛」就好了，這也算是一種堅持對吧。比方說時尚流行雜誌的編輯們，全身從上到下最流行的穿搭方式都要接觸，因此會把穿高跟鞋視為自己的工作之一，從中能充分感受到她們的決心，我想，她們應該不會感覺到痛苦吧。「今天也要好好做自己！」心裡抱持這樣的想法，把衣服當作很好的開關，我相信穿著打扮還是有很多樂趣在裡頭的。

不過，比起會感到痛苦或勉強自己的事情來說，現代人大多會優先選擇能讓心情變好的事情去做。也就是說，人們雖然不認為邋邋遢遢很好，但是若必須忍受疼痛、酷熱、疲憊等狀況，倒不如就讓自己過得舒服點。

之前，迅銷（FAST RETAILING）公司的柳井正社長曾在日經新聞的採訪中提到「現在這個時代，人們會在生活中慢慢地自行探究出新的穿衣風格，而不是遵循過往的流行樣式。」說得真是太有道理了。柳井社長是我在業界相當尊敬的人之一。

我在第一章的內容中有談到追求「流行」的時代已經走到終點，穿著打扮的意涵也不停在改變。照這樣的說法，UNIQLO 等於就是白飯加味噌湯吧？雖然價格跟速食餐點差不多，但卻便宜又好吃。那麼，用新潟的有機米煮成的白飯，配上自家製作的味噌或高湯所煮出來的味噌湯，感覺就像前面所提到的 HYKE 及 Scye 兩個品牌。

繼續往下延伸，像薇薇安・魏斯伍德 (Vivienne Westwood) 這類的品牌服裝，可以說就像高級的美食吧，例如奶油龍蝦、沙朗牛排配上鵝肝等等，可以讓人搭配很多麵包及奶油一起享用。她是我非常敬重的設計師，不過要是因為太喜歡她的作品，將她的衣服視為主食，每天都一定要吃，那就可能會衍生出卡路里過高的問題。

Notes

優衣庫（UNIQLO）
一九八八年由柳井正創立。原本隸屬迅銷公司旗下，二〇〇五年進行重整，UNIQLO 現在為迅銷的子公司，除了自家商品推陳出新，近年更推出多個設計師藝術家聯名系列如：村上隆、Marimekko、J.W. Anderson、KAWS 等，目前為全球知名服裝品牌之一，在全球十八個地區發展業務，全球超過 2000 間店面，且還不斷擴充中。

迅銷（FAST RETAILING）
是間日本控股公司。持有的品牌包括知名的 UNIQLO，以及 ASPESI、Comptoir des Cotonniers、Foot Park、National Standard、GU 等。是世界三大休閒服裝公司，同時是亞洲最大的服裝公司。

薇薇安・魏斯伍德（Vivienne Westwood）
生於一九四一年的薇薇安，是英國國寶級時裝設計師，自一九八一年推出同名 Vivienne Westwood 的海盜系列，充滿叛逆、狂野、牛仔布、蘇格蘭格紋、軍靴等街頭元素，顛覆了當時的歐洲時尚界，也奠定了她無人能及的地位，也是龐克時尚的代名詞，人稱「龐克教母」。

享受換檔的樂趣

別看我這樣，其實我也有放鬆的時候，開和關的狀態會經常變動。我不會讓自己一直維持在高檔，也不建議大家這麼做，畢竟那是一件很累人的事情。

在家的時候，我不會在意身上穿什麼衣服，因為我有養狗，所以會穿方便跟狗玩的衣服。出門吃飯的時候，如果餐廳位在二十分鐘車程以內的範圍，我會穿得比較輕便，不過還是帶狗散步所穿的衣服最讓我感到舒適輕鬆。當然如果要去市區的餐廳，我也有相對應的服裝可以穿。在工作上，如果天氣不好的話，我會選擇濕了也無所謂的鞋子，但要是不需要考慮這麼多，那我可能就會全身都穿灰色系服裝。雖然並沒有百分百如此，但至少也有七到八成。這就是換檔的樂趣，不過最大的前提是要讓自己開心。

我個人並沒有經營 Twitter、部落格或 IG，就連 UA 官網的團隊成員資訊欄，往往也是有人想要聽我發言，或是我自己有想講的話，才會進行更新。因為我總會覺得「那麼高調要做什麼呢？」

我在第一章也有提到，對任何人抱持著開放的態度並沒有不好，但如果沒有一點私人的空間，或是沒有一個能夠供自己逃跑躲藏的地方，那會很危險。個人的私事被太多人指指點點，就是因為隱私揭露得太多了。可能我真的有點跟不上時代了，不過我真的覺得這樣很奇怪。

為了被認可、被接納的欲望，就要讓社會整體都扭曲成這樣嗎？

● ——— 「做自己」不是只能表現在服裝上

對我來說，能讓我心情愉悅的事物並不侷限於服裝，美味的料理或漂亮的室內裝潢也可以達到同樣的效果。我喜歡去吃美食，對於自己所挖掘到的美食餐廳，也會一個禮拜去吃一次。然而，有些店即使被形容成「現在最流行的店」，我也不會因此就去光顧。

平常所使用的東西，我也會挑選自己用起來順手，或是用起來心情愉悅的。至於家具，我會傾向以具有地方特色的元素去挑選，比方說在我的家裡就鋪了很多民俗風的手織絨毯。因為父親的外交工作，我有幸收集到了庫德族的手織絨毯；我的母親也很喜歡異國民俗風，所以我家從很久以前開始就充滿了這類的物品。再加上我的妻子也喜歡，所以我等於一直住在充滿自然及民俗風的環境裡，最重要的是那樣的環境能讓我感到平靜。對我來說，住在太過奢華的房子感覺好像會比較累…

衣服、領帶、圍巾、鞋子、黑膠唱片，這些東西我蒐集了很多，多到我自己都覺得有點沒必要。不過我並不是什麼狂熱的愛好者，比方說手錶或眼鏡，真心喜歡的我才會買回來戴身上。我手邊有三塊手錶，最常用到的是第二章提到的七〇年代勞力士。去非洲的時候，我戴的則是 CASIO 的 G-SHOCK。

至於眼鏡，有一天我找到妻子在中學時期所戴的眼鏡，於是就用她的鏡框直接換上符合我眼睛度數的鏡片，這支眼鏡的樣式我最喜歡，所以之後還到原宿的眼鏡行委託客製了一支一模一樣的眼鏡。現在戴的眼鏡已經是第三代了，造型都還是一樣，因為我還是認為這個造型跟我最搭，簡直已經變成我身體的一部分了，不僅經常會忘記放在哪裡，就連已經戴在臉上也會忘記；喝醉時不小心弄壞了，也會感覺到自己的身體缺了一部分似的，真是不可思議。我想，一旦眼鏡變成五官的一部分，就不會輕易更換形式了。

都築響一先生在「Happy Victims」（日本青幻舍出版）一書裡頭提到很多人會在日常生活中吃泡麵，但家裡卻充滿設計師品牌商品。我覺得這些人才真的是狂熱愛好者，對他們來說，品牌商品就是最好的、最棒的，所以只喜歡單一品牌，並且把自己的人生全都投入進去。

在別人眼中，或許我也算是狂熱愛好者，不過對我來說，雖然我很熱愛服裝、音樂，以及許多我喜歡的人事物，但我始終認為「人」或是「與人有所連結的所有事物」才是最重要的。像是我喜歡黑膠唱片，所以到目前為止都還是會積極買進，不過對於珍貴罕見的黑膠唱片，我並不會有想要蒐集的欲望，更不會因為一張黑膠唱片具有歷史價值，就花幾百萬去買下來。我只是喜歡音樂，喜歡聽音樂時的好心情。無論是衣服或黑膠唱片，對我來說都是快樂的種子，而我只是隨時隨地都想要蒐集能讓自己開心的事物罷了。那就是塑造我個人風格的源頭，也是我能量的源頭。

Notes

卡西歐（CASIO）
一九四六年由樫尾忠雄創立，他本身是位工程師，並於一九五七年發表了世界上第一個電子計算機，公司產品包含計算機、手機、數位相機、電子樂器、手錶等，其中以卡西歐 G-Shock 手錶系列最為知名，此手錶性能強大，防撞擊、防水，適合配戴於運動、戶外活動與軍事用途。

都築響一
一九五六年出生東京，擔任流行雜誌「POPEYE」、「BRUTUS」採訪當代藝術、建築、設計等領域的編輯，個人出版過「日常東京 TOKYO STYLE」、「圈外編輯」、「東京右半分」、「攝影作品集：IDOL STYLE」等作品。

Chapter 04
History →
揚名世界的
日本品牌

日本的時尚元素為什麼是有趣的？

在國外遇到的時尚業界友人，或是來日本拜訪的同業人士，都會不約而同地問我：「日本的時尚元素為什麼這麼有趣呢？」走在街上的人們穿著各式各樣的服裝，每一間店的品項都豐富多元，還有令人瘋狂的古著店，而大型的賣場或百貨公司，則是從頂級奢華品到籍籍無名的新進設計師品牌都買得到，商品齊全選擇多。當中最具代表性的莫過於二〇一九年在澀谷落成的巴而可百貨（PARCO），規模之大令人咋舌。新成立的巴而可百貨是少見的聚集了實力派設計師及新進設計師品牌的百貨公司，這些精品店都足以代表當今的東京，而且也有不少品牌是這裡才看得到，再加上電玩遊戲或動畫等次文化，簡直就像把所有元素都聚集在一起的「This is Tokyo」一樣。

這股「有趣」的時尚元素背後最重要的支柱，就是設計師品牌服飾。像是三宅一生、山本耀司、川久保玲等等，都是紅遍全世界的品牌，即使對日本時尚圈不怎麼熟悉的人，也應該都聽過這幾個品牌吧。除了上述的日本時尚品牌三劍客之外，Sacai 也相當知名，這是由阿部千登勢在一九九九年創立的品牌，迄今二十年都仍保持獨資狀態，而且經常舉辦新品展示會，業績也呈現持續成長的態勢。Sacai 目前正在巴黎拓展市場，比起日本，他們有更多客戶是來自於其他國家，在他們主辦的時裝秀或展示會上，往往都會有知名雜誌的編輯、一流的造型師，以及世界頂尖的服飾店負責採購的主管前來參觀。

UNDERCOVER 也是源自於日本並在世界揚名的品牌之一，一九九四年以街頭文化色彩濃厚的新品牌之姿站上時尚舞台後，設計師高橋盾先生（一九六九年生）就受到年輕世代的狂熱支持，並一路發展至今。其他還有阿部潤一的 KOLOR、二宮啓的 Noir Kei Ninomiya（COMME des GARÇONS 旗下的品牌之一）、藤田哲平先生的 SULVAM、古田泰子的 TOGA…等等，在世界各地獲得好評的日本品牌真的多不可數。

當被問到「為什麼這些品牌如此獨特且有趣呢？」我都會用「因為日本沒有西方國家的階級社會」，或是「日本的時尚流行之中沒有性方面的誘惑」來加以說明。

在階級社會中應運而生的西洋服飾，比方說像是緊身胸衣，或是從短裙延伸而來的蓬裙，有很大的成分是用來彰顯權威，可說是為象徵而生的產物。明明從腳到胸全部都掩蓋起來了，但卻大大地露出肩膀和背部，裡頭肯定蘊含了性方面的誘惑元素。

就人類發展的歷史來說，衣服的誕生原本是為了防寒及防禦等必要性的因素，不過從很久以前就開始加入了「盛裝打扮＝被看見、被吸引」的概念。我想這就是雄性與雌性的生存本能吧，如果雌性不誘惑雄性的話，物種就沒辦法繼續繁衍下去了不是嗎？無論是植物或動物，都需要透過吸引異性來保留及傳承血脈，據研究花朵及鳥類的美麗外表，也是由此而來。如果說這就是生物的本能，那麼西洋美學脫離不開這個範疇也就不奇怪了，畢竟在歐美國家，男性女性都要性感的價值觀，依舊代代相傳延續至今。不管是直男或同性戀，服裝都是用來催化性誘惑的工具。

就算設計師想要打造一款「不性感」的衣服，那也是基於性感的概念所產出的「不性感」。

從這個角度來看，日本的衣服幾乎沒有性誘惑的成分。所以日本和服才會有西洋服飾沒有的有趣亮點。和服相關話題後面再來談，不過我想說的是，日本的衣服設計雖然向西方取了不少經，但並沒有因此就接納了「凸顯胸部」的穿衣方式。並且，日本的服裝設計具有一個最大的要素，那就是「與性誘惑大異其趣的價值」。為什麼這麼說？是因為除去色情的觀點之後，設計師就可以用設計上或衣服上的創意來一決勝負。

無論是三宅一生或COMME des GARÇONS的川久保玲，都跟色情沾不上一點邊。山本耀司雖然跟上述兩人不同，多少帶了點誘惑的元素，不過那也跟西洋的性誘惑有很大的差異，比較像是「陰翳禮讚」式的誘惑。他們成功地建構出與性誘惑或是西洋美學截然不同的價值觀，讓後續接棒的日本設計師可以擺脫西洋美學意識的思考脈絡，進而設計出與眾不同的服裝。我想，這就是日本的時尚流行之所以會如此有趣的原因吧。

Notes

UNDERCOVER
高橋盾生於一九六九年，日本文化服裝學院畢業，一九九三年與BAPE的Nigo在原宿成立NOWHERE店面，並同年成立了UNDERCOVER品牌，一九九四年參加東京時裝週，之後川久保玲請他來巴黎，二〇〇二年登上巴黎時裝週，名聲大漲，近年與Nike、Uniqlo、GU聯名商品都引起極大的搶購熱潮。

KOLOR
阿部潤一師承川久保玲與山本耀司，他還是知名品牌Sacai阿部千登勢的老公，2004年成立KOLOR，運用大量拼接與混搭的手法，並透過精緻的細節去呈現時裝，與老婆的Sacai品牌狂野外放相反，品牌內斂低調不浮誇的設計，也沒有多餘的裝飾，反而更適合日常的穿搭。

Noir Kei Ninomiya
Comme des Garçons旗下品牌，二宮啓僅加入公司四年，川久保玲就為他開設品牌支線，以二十八歲的年紀成為公司有史以來最年輕的品牌設計師，他的確有與眾不同的能力，服裝的剪裁和輪廓具有抽象感與顛覆性，是位藝術性極高的設計師。

SULVAM
二〇一三年由藤田哲平成立個人男裝品牌，SULVAM是拉丁語，意思指即興創作。他曾是山本耀司的御用打版師，品牌造型獨特，做工精細且立體，並採用低環境污染的布料製作，可說是匠心獨具。

山本耀司（Yohji Yamamoto）
一九四三年東京出生，是八〇年代時裝界日本浪潮的掌門人之一，也是日本設計師勇闖入巴黎時裝週的先鋒派人物。他與三宅一生、川久保玲把西方設計思維與日本服飾傳統結合起來，成為現代日式時裝風格，二〇〇二年更跨界與愛迪達（Adidas）合作成立（Y-3）品牌，並開啟新運動時尚主義。

陰翳禮讚
谷崎潤一郎的著作，強調美不在於物體本身，而是在光與物體之間所交織出的明暗變化，是闡述耽美派美學的重要作品，影響了日本各界的美學實踐者。

和平憲法與時尚之間的關係

和服說起來也是具有性方面的誘惑，不過基本上任何國家或任何民族的服裝，應該都具有性誘惑吧。然而，到了二戰之後，日本的日常服裝開始跟和服切割開來，並且慢慢朝著「在設計上一決高下」的方向發展，這反倒使得日本的時尚流行幾乎不含性方面的元素。

其實這個脈絡跟日本的民主主義或和平憲法是相通的，二戰之後，日本徹底放棄了戰爭，雖然留有自衛隊的形式，但如果真能實現「和平憲法」的精神，也就是完全沒有任何軍備武器，相信會成為人類史上最特別的國家。

透過打仗來分勝負，或是藉由戰爭來倡導國家的主張，這類的征服思維，都是古典的男性思維。這樣的想法跟共榮共存、一起合作解決問題、一起和平共處的觀念背道而馳，由此可知，日本的時尚流行沒有性誘惑與階級意識，跟二戰後的民主主義及和平憲法具有相同的思維背景。

西洋崇尚的是個人主義，每個人都非常重視自己的定位，這就是歐美近代史的樣貌。尼采說：「上帝已死。」從這句話可以看出宗教所帶出來的價值觀已經遭到否定，每個人都傾向追求個體的獨立，而深入探究個體的存在價值，就是哲學的任務。

這樣的想法也推動了科學、文化及經濟的發展，像是核能發電的研發，應該也跟征服的思維脫離不了干係。人類透過科學的力量，已經漸漸能夠控制大自然，甚至是控制分子或細胞的序列。

另一方面，日本卻普遍存在著「人無法勝過大自然」的想法，畢竟某天若是突然來個颱風或地震，就會讓一切努力瞬間歸零。這就是所謂的「諸行無常」，日本的美學就是體現在無常之中。日式思維中的「人」，與西洋個人主義中的「個人」，其實存在著很大的差異。

上述的所有思維想法，都會在時尚流行之中呈現出來。比方說一九七〇年代，反文化運動正盛行，當時的社會廣泛流行一句話：「好好活著」。緊接著到了一九八〇年代，「存在感」一詞掀起流行，人們開始希望能確定自己是誰，想要與眾不同，這樣的想法體現在生活上就變成了「想要沒有人擁有的珍稀手錶」、「想要穿上舉世罕見的復古牛仔褲」…個人的存在證明，以及對於物質所產生的高度慾望。

不過，上述的想法到了現代已經越來越淡薄，人們已經越來越不在意其他人的眼光，因而進入了只要自己開心就好的「個人秀」時代，另外，就如同第一章所說的，脫離物欲及占有欲的共享文化，也慢慢地滲透到人們的生活之中。

不只是服裝，就連音樂界也有同樣的現象。人們對於音樂的看法已經從重視「旋律與歌詞」的時代，慢慢轉變為「Remix 作品」的時代，長久以來音樂人都熱愛自己創作歌曲，並且會將自己的創作重點放在曲調及歌詞上，但如今像 DJ 把各式各樣的曲子重新 Remix 的音樂，也可以稱為創作作品。人們開始覺得為自己的主張發聲「有點麻煩」、「有點沉重」。結果，中性的思維調性開始大量出現，個人消費及穿著打扮的既有結構或許也因此受到了影響。現代的日本已經離「我我我！」「聽我說、聽我說」之類的「個人意識」越來越遠了。

現在就是共融共享大於個人表現的年代。

草食系男子讓日本成為時尚大國？

就這樣，日本成為充滿草食系男子的國家。不過在此同時，日本的時尚元素依舊很有趣，而且日本更是全世界男性時尚最為繁盛多采的國家。雖然說年輕人都不買衣服了，然而環顧全世界，還沒有哪個國家的男人像日本男人這麼會打扮呢！

在巴黎，特別會穿著打扮的男人，除了同性戀及藝人之外，就是讓女人們愛到不行的肉食系男人；在義大利也是，時尚流行的風向掌握在對女性抱持著高度興趣的男人手上。

懂得穿著打扮的歐美男人，有很大的比例是同性戀，而同性戀具備、但草食系男子缺乏的特點，就是性誘惑。日本會打扮的男人之中，當然也是有同性戀存在，但大多數還是屬於草食系男子。傑尼斯事務所可以說就是草食系男子的大本營，以友情及溫和個性為核心的傑尼斯藝人，有很大的程度反應了日本年輕人的思維與價值觀。

順帶一提，一九三一年在洛杉磯出生的強尼喜多川先生，是日本在美國落地生根的第二代，而他就是傑尼斯文化的源頭。體驗過太平洋戰爭及朝鮮戰爭的喜多川，以戰爭的記憶為創作原點，將「不再發起戰爭的國家及國民」設為主題，持續在音樂中注入反戰思維。傑尼斯文化的根基，就是反戰、love & peace。

我想，我也算是草食系男子。小時候，我的母親就經常帶我去寶塚歌劇團（日本知名歌舞劇團）看表演，或是去看電影。如果年幼時的娛樂有更廣泛涉獵，我應該就踏上不一樣的人生道路了。但不管怎麼說，小時候的我肯定是草食系男子。雖然我很希望自己在女孩子之間是受到歡迎的，但可惜我既不會打棒球，運動也不在行，所以完全沒有受到女生們的青睞。

我覺得現代的日本之所以會成為充滿草食系男子的國家，有部分跟「戰後的法規制度都以天皇為主」有關。日本在進入明治時代之後，直到太平洋戰爭爆發為止，人們對天皇的感覺就是像父親一樣。天皇是每個人的父親，所有國民都是天皇的孩子，因此整個國家就變成一個大家庭。然而，日本挾著國家的威信與西歐列強大戰過後，以敗戰收場，昭和天皇便趁此機會讓天皇的地位退下神壇，其子明仁天皇更進一步往自由主義的方向靠近，他認為，即使貴為天皇也可以跟皇族或貴族以外的人戀愛結婚，所以現在的天皇也可以跟一般平民結為連理。

天皇不是「國家的代表」，而是「家族裡重要的父親角色」，總之就是放下「國家」的重擔，成為更加靠近「國民」的天皇。整體來說，我認為這是民主國家的天皇該有的樣子。人民應當「尊敬」天皇，但卻沒有必要再跪下膜拜。對於這樣的發展，我個人抱持著正面肯定的態度，也就是因為這樣，我才會認為明仁天皇的生活方式很像草食系男子…真不好意思。

在社會上掌權的「父親」角色，早已不見蹤影，雖然說過去也曾有過政治家化身為「國民父親」的時期，不過就現在的當權者而言，並沒有讓人感覺到他們有身為父親的責任感。對於這種傳統父權已然淡化的社會，我並不會覺得不好。只是這樣的社會氛圍跟草食系男子的興起應該有很大的關聯性。

二戰之後，日本走向民主主義，在這個領域裡並沒有父親的形象可以當作範本參考，如果不能讓每個人都有個參考的依據，後續就不會有「作為一個父親，你表現得很棒」之類的氛圍產生了。二戰之後百廢待興，為了復興國勢所付出的心血，並且讓成為廢墟的國家再次回到正軌，裡頭都蘊含了傳統父親的能量。然而，等到社會現況開始好轉，人民的生活開始富裕起來之後，「父親」形象便依附在上班族之上，感覺就像是被一個大型的社團活動保護著，這些男人們即使喝醉了太晚回家也不會怎麼樣，為太太增添困擾也無所謂。結果，父親形象便開始劣化。

女性穿著和服的「端莊感」

從另一個角度來看，女性則是越來越強勢、越來越活躍，社會也普遍能夠認定女性該享有的權利。雖然說可能還有不少地方需要改善，但以現在的潮流趨勢來說，女性已經可以開創事業、擁有自己的住處、被社會認可，以及爭取自己的權利。

也就是說，女性有「父親化」的傾向，慢慢地成為了社會的主角。

這方面的趨勢對流行服飾的影響，我認為從穿著和服的狀態最能看得出來。平常就沒有穿和服習慣的男性，要穿得合身並不容易，我自己是因為對穿著和服的樣子充滿憧憬，所以在結婚典禮時就穿上了和服。可惜的是我看起來並不適合穿和服，因為我太瘦了，即使墊了好幾條毛巾也撐不起來，簡直就像在兒童節穿和服的小朋友。當然這也跟二戰前及二戰後日本人的體型改變有所關聯…然而就女性來講，在結婚典禮或其他場合穿和服時，就連平常沒有穿和服習慣的女人，穿起來也都很合身、很好看，幾乎都能夠穿出「端莊感」。

深入思考箇中原因，我覺得可能跟戰爭前後的精神性產生了變化有關。就像前面所提到的，在二戰之前，天皇是國家的父親，社會也是如此，一個家的代表人物就是父親，男性扛起大部分的責任，女性則在男性背後扮演支持者的角色。即使是婚前的男性，也被視為父親的預備隊成員，同樣得撐住，此時的社會風氣，對於穿和服或一般服裝看起來到底合不合身、好不好看，基本上沒有人關心。但是到了戰後，精神性縮小了，跟以前比起來，女性擔負起更多社會掌權者的工作，並且還繼續扮演「支持者」的角色。結果，女性原本的精神性並沒有改變，而且還增加了新的成分。所以我覺得女性穿和服會如此端莊好看，某部分就是投射出社會責任的變化。

現代的日本城市，男性穿和服大多是玩票性質，而女性穿和服則有種威嚴感…

我之所以會用「端莊」來形容，一方面是因為喜歡女性穿和服時的獨特氛圍，一方面是認為「端莊」的感覺說不定是穿和服才會有的存在感。關於這一點，我想還有很大的空間讓「栗野式」研究能繼續發揮。

世界知名的日本設計師

二戰結束後，日本第一個在全世界廣為人知的設計師是森英惠，然而要說在巴黎出道並且大獲成功的第一代，當屬 KENZO 的設計師高田賢三以及創辦同名品牌的三宅一生，還有比他們兩位稍微晚一點進入時尚圈的 COMME des GARÇONS 創辦人川久保玲，以及同樣創立了同名品牌的山本耀司。三宅及高田是在二戰前出生的，現在都八十幾歲了，尤其是三宅，不僅經歷過戰爭的洗禮，還是廣島核爆的受害者之一。福島核電廠核廢料洩漏事件發生過後，他也再次以核災受害者身分站出來說話，據說他為了避免世人帶著異樣眼光看待他，所以幾乎很少提起自己的這段過往。

三宅一生曾在接受訪問時說過，由於體驗過戰爭的可怕，不希望這個世界再次受到破壞，因此他才會投入創造美麗的事業，成為時尚設計師。事實上，他在多摩美術大學就讀時就選擇了繪圖科系，爾後也一直從事時尚設計的工作，真的是從一而終。

高田賢三則是畢業於文化服裝學院，當時年紀輕輕就到巴黎闖天下，並且成功佔有一席之地，還以巴黎為原點向全世界拓展。高田的事業開始壯大的時期是七〇年代，當時大量生產的成衣只有富裕的上流階層能買得起。為此，他開發了大多數人都能穿的衣服，而且那些款式還跟時裝發表會上的一模一樣，在店面就可以買得到，真的是非常偉大的貢獻。

川久保玲是一九四二年出生的，雖然說起來也是二戰前出生的，但戰爭結束時她才三歲；而山本耀司出生於一九四三年，他們屬於同一個世代的人。

他們幾位是世界等級的日本設計師，不過在他們之中沒有人跟日本的傳統有任何連結，高田很早就到巴黎去了，所以他算是最早將法國人眼中的日本風格表現出來的人，而且在國外得到相當多青睞。除此之外，其他三人完全都沒有日本風格的設計作品，畢竟他們都是在日本還具戰敗國身分的時候出外打拚的，在當時的時空背景之下，日本人到了國外要不就是民族意識會變得特別強，要不就是會放下民族意識，這也是可想而知的。

三宅一生是學繪圖出身的，所以他所設計的服裝比較接近藝術家的創作作品，PLEATS PLEASE ISSEY MIYAKE及A-POC（A Piece of Cloth）的一體成形服就是其中的代表。三宅一生在初期談到自己的設計作品時，曾說過那是「自成一格的民族服裝」。對各個不同民族的服裝充滿高度興趣的三宅一生，曾到美國、南美、亞馬遜、印度等地旅行，並針對在地服裝做了深入研究，他一直在思考的一個問題就是：「單純的一塊布可以發揮到什麼程度？」印度的沙龍也是用一塊布做成的衣服，他認為這就是全世界衣服的原型。

如果說日本的和服也可以視為一塊布製成的服裝，那麼我想三宅一生想要創造的應該是超越既有範本的衣服。就這樣，他的作品成為一種「國際語言」，穿著他所設計的衣服，無論走到世界的哪個角落都不會覺得丟臉。這點真的很了不起，讓我尊敬萬分。

山本耀司的設計風格則是比黑還要黑的衣服，而且外型看起來就像和服一樣，在在都能讓人感受到日本特有的侘寂美學，或是和服的那種端莊感。他的母親聽說也是一位很厲害的裁縫師，我想這是他所設計的衣服裡頭會有日本傳統「和」元素的原因吧。

經過洗滌、磨損或風吹日曬所形成的痕跡…這樣的損耗美學或許挺有日本風格的，但卻不能說跟和服相近。

山本耀司受克里斯汀・迪奧（Christian Dior）的影響也很大，讓人感覺就好像迪奧與宮本武藏（日本武士道）融合共存了，這麼形容應該很到位吧。我認為他是一個永遠在跟高級時裝對抗的鬥士，雖然他本人可能會否認，但我就是覺得他一直試圖否定西洋美學及高級華服的價值，但卻又無法切斷自己所受到的影響。

山本耀司現在在中國相當受歡迎，中國已經跳脫了西方文化的影響，正處於確立自身文化的過程之中，帶著東洋風格在全世界走跳的「山本耀司」，在造型上及思維上，對中國消費者來說都有一種親近的感覺。

Notes

KENZO
由日本設計師高田賢三於一九七〇年創立的品牌。一九六四年搬到巴黎開始他的時尚生涯，品牌崇尚輕鬆愉快和自由，結合了東方文化的沉穩與拉丁民族的熱情，創造出活潑、優雅的風格。一九九三年納入 LVMH 旗下，二〇一六年與 H&M 聯名系列大獲好評，二〇二一年由 Nigo（BAPE 與 HUMAN MADE 創辦人）擔任 KENZO 設計總監，轟動整個時尚圈。

三宅一生（ISSEY MIYAKE）
生於一九三八年的日本時裝設計師，一九七〇年成立了三宅設計事務所，製作新型的褶狀紡織品，這種織料使穿戴者感受舒適且靈活，他結合個人的哲學思想，創造出獨特的織料和服裝，被稱為「布料魔術師」。除了正牌 ISSEY MIYAKE 還發展 PLEATS PLEASE、BAO BAO、HaaT 等多個副牌。

流行的最前沿是什麼？答案是哲學

在這個世代之中，川久保玲的設計最能讓人感受到「街頭文化」。不過她的出道作品，卻是名符其實的公主裝，相當令人意外。單純的白色、深藍或灰色的罩衫，搭配上白色的圓領，花紋則以方格紋為主…總而言之就是「單純且高品質的公主裝」，讓人完全無法想像那是如此前衛的COMME des GARÇONS早期的款式。不過，這款公主裝並沒有受到女性的歡迎，因為沒有性感的要素。我想這也是品牌名會取為COMME des GARÇONS（宛如少年）的原因吧。

到了八〇年代初期，川久保玲應該也感覺到以單純及傳統為基底的設計風格，很難在國際市場獲得共鳴，所以她特別提出了刻意挖洞的顛覆設計，也就是所謂的龐克風。另一方面，她也在這個時期將公司的總部設在巴黎的旺多姆廣場（vendome），周邊有巴黎麗斯飯店、卡地亞等世界頂級品牌聚集，是販售高級奢華商品的區域。

每當被問到「為什麼將總部設在那裡？」川久保玲的回答一定都會是：「除此之外沒有其他更適合的地方。」她的意思是，為了進軍全世界，將總部設在旺多姆廣場是唯一選擇。應該有不少人會認為既然COMME des GARÇONS以龐克風格為起點，那麼就該選擇在富有龐克氛圍的地點開設總部，但若真是如此，就有可能會在一開始就找不到適合的夥伴。

因此，川久保玲將品牌設計與既有的西歐傳統服裝版型切割開來，並用沒有人見過的前衛設計打進國際市場，另一方面則將總部設在廣大資產階級所認可的區域。無懼風險、保持創意、持續挑戰，這些特質讓COMME des GARÇONS成為熱銷品牌，並且獲得消費者信賴，確立了自身獨一無二的存在價值。

「在銷售上獲得成功，並且持續熱賣，就能保有設計的自由度。」在資本主義的消費市場中，這是時尚產業能夠生存下來的絕對法則…我相信這也是她的策略，可以說是取得平衡的一種作法吧。

正確來說，川久保玲是一位概念提案者，她本人並不會動筆繪製設計圖，製造衣服所需的基本技術及常識她也沒有，但她卻以強大的原創性概念作為基礎，讓整個團隊都跟隨她的概念進行設計。在她的設計團隊裡，每位設計師都非常優秀，不僅能具體地將她所提供的概念呈現出來，而且一直以來都配合得很好⋯這就是 COMME des GARÇONS 公司內部的「哲學對話」，透過一來一往的哲學對話，造就一款又一款的服裝設計。

跟時代的流行趨勢及設計的樣式比起來，概念是最為自由的，同時也會是設計的前導。所以川久保玲所推出的服裝往往都能領先時代。

我在第一章的內容之中就曾提到過，所謂時尚流行的「前沿」，意思就是業界人士將自己擺到該在的位置，但若是要成為走在最前面的潮流領航者，那麼我認為就是要靠哲學的智慧。人類普遍認知的哲學我們先不討論，然而在談到人們如何解讀這個世界？當中的中心思想倒是經常在改變，可以用言語及文字將變化表現出來的人，我們稱其為哲學家，而能夠用衣服的設計來表現的稀有人種，就屬川久保玲了。她本人可能會有些抗拒，不過我認為 COMME des GARÇONS 所推出的就是充滿哲學意味的衣服。由於是具哲學意味的衣服，所以才能夠成為時代的先驅，並且確切反應時代的樣貌。

近代時尚流行的發源地—巴黎

再次回顧近代時尚流行的發展歷史，我們可以說位居中心的發源地就是巴黎。稍加探究時代背景可以發現，這或許跟國家的發展策略有關。法國迄今為止仍是以農業為主的國家，既沒有盛產天然資源，也缺乏科技發明的量能。雖然有寶獅（PEUGEOT）及雷諾（RENAULT）等汽車製造大廠，但在國際市場上都不算是赫赫有名的品牌，也沒有什麼獨到的特殊技術。

對法國來說，最有價值的亮點終歸還是歷史。

法國的階級社會遺留下來的「羅浮宮美術館」，收藏了大量的藝術品及世界遺產，當然最重要的還有製作貴族階級高檔衣物的技術。階級社會造就了王公貴族，同時也保留了衣服的製作技術。進入共和國時代之後，法國也成為民主國家，王公貴族御用的裁縫師們原本專做富裕階層所穿的衣服，慢慢地也轉化為一般庶民適用的裁縫技術，這就是「高級服裝訂製店」的由來。

近代流行服飾的緣起，就是來自於消費者對高級服裝訂製店下單訂購的量產服飾。在以前那個年代，下訂的往往都是設計師本身，然後由裁縫師蒐集材料並完成製作，屬於完全專屬的訂製服。相對來說，高級服裝訂製店的設計師會提供既有的版型款式給上門的客人挑選，接著量好尺寸就可以開始動工。開創這個系統的始祖是來自英國的查爾斯・弗雷德里克・沃斯（Charles Frederick Worth）。

十九世紀中葉，他在巴黎創立了一間高級服裝訂製店，一舉成為拿破崙三世的皇后歐珍妮等皇族人士專屬的設計師。當時他所設計的衣服，以及為其他高級服裝訂製店的新型服飾，在上流社會具有相當高的人氣。後來，沃斯將巴黎的訂製店聚集起來加以組織化，成為高級服飾商業聯盟，就此站上引領世界時尚潮流的重要地位。

現在的巴黎時裝週活動，也可以說是由查爾斯・弗雷德里克・沃斯（Charles Frederick Worth）所發起的。最早期的時裝秀，是將樣品展示給客人看，方便顧客直接指定「幫我做這個」，藉以「談定訂購款式」的場合。不久之後，服裝訂製店的小型工作室模式，訂單漸漸轉為由家庭代工。很快地，大規模服裝生產系統因此誕生，時裝終於走進了「成衣」的時代。在這些成衣之中，有些繼承了高級服裝訂製店的DNA，可稱為「高級量產訂製服」。進入成衣時代後，時裝週的展示重點就變成是「半年後即將在市場推出的設計款式」。

除了巴黎之外，同樣以服裝設計聞名的義大利米蘭，也有舉辦時裝週。另外，在一九八〇年代以後，倫敦、紐約等大城市，也都會以每年或每季的舉辦形式發起時裝週活動。以上四大城所舉辦的時裝週合稱為「四大時裝週」。再者，義大利羅馬也有高級訂製服大秀的「羅馬時裝週」（AltaRoma）；如今，東歐的喬治亞、中亞的哈薩克、中東的杜拜、非洲的拉哥斯等地，也都各有專屬的時裝週活動。

在四大時裝週扮演核心角色的依舊是巴黎時裝週，每每在活動舉辦期間，世界各地的記者都會聚集到現場，所以聲量可說是非常大。「能在這裡發表，等於可以讓全世界看見」、「能在這裡獲得認可，就可以到世界各地大展身手了」，如此這般，時裝週本身也變成了另類的知名品牌，而這個享譽國際的品牌名，就是「巴黎時裝週」。

Notes

查爾斯 ・ 弗雷德里克 ・ 沃斯（Charles Frederick Worth）
一八二五～一八九五年，英國時裝設計師，一八五八年在巴黎建立了 House of Worth，是十九世紀和二十世紀初最重要的時裝公司之一。許多歷史學家認為他是高級時裝之父。House of Worth 也因徹底改變時尚行業而受到各界讚譽。直到一九五二年在他的後代經營不善的情況下，並於一九五六年關閉。

改變時代的設計師們

從高級訂製服裝店延展開來的近代服裝史，有一位改變了歷史的重要人物，那就是可可 ・ 香奈兒（Coco Chanel）。她讓「女人不能穿褲子、也不可以穿羊毛及針織材質的衣服」這樣的傳統規定徹底改變。一九二〇到五〇年代，是她最活躍的時期，同時也是女性積極參與社會的時期，所以她設計出讓女性好穿脫、好運動，而且可以跟男性並肩共事的衣服。另外，作為一名商務人士，可

可 • 香奈兒（Coco Chanel）也是女性參與社會的代表人物之一。

我認為香奈爾最值得大書特書的，就是她過人的溝通能力。她身旁的朋友都是那個時代最聰明、最耀眼的人，像是巴勒羅 • 畢卡索、薩爾瓦多 • 達利等。相信她一定從這些優秀的藝術家及哲學家身上得到不少靈感，而她則是提供了經濟支援，成為法國沙龍文化的黃金時代中，重要的贊助人之一。她的前半段人生相當坎坷，跟電影「下女」女主角的經歷頗為相似，是一個充滿故事性的人物。

接著下來代表法國的設計師就由克里斯汀 • 迪奧（Christian Dior）接棒，不過可惜的是他很早就去世了，由其弟子伊夫 • 聖羅蘭（Yves Saint Laurent）繼承衣缽。伊夫的風格就是徹底追求歐洲美學，並加入些許民族風當作點綴，對我來說，他也是一位令人尊敬的大師。不過，就某個角度來看，他有可能是出名得太早了，十九歲左右他就開始上電視，後來在法國的阿爾及利亞戰爭中，陰錯陽差被調進了部隊，這也使得他患上了精神疾病，終年飽受毒品及酒精之苦。

伊夫還有一個最大的功績，就是掀起「時尚革命」。在高級訂製服裝店裡，他推出了獵裝（Safari look），這是以普普藝術為基底的作品；另外，她還讓女性穿上男性的燕尾服，成就了轟動一時的吸菸裝，藉著性別錯亂的方式帶來蠱惑人心的效果。

身為時代先驅，他透過自己的同性戀身分來替男性做設計，我們可以說，伊夫 • 聖羅蘭（Yves Saint Laurent）的美學，某部分就是承繼了巴黎流行的DNA。

再來要談到的是男性西裝的改革者—喬治 • 亞曼尼（Giorgio Armani）。一直以來，男性西裝都是走合身為主，沿著身體的線條製作，藉由一定程度的束縛感來追求精實爽颯的美感，不過他卻希望能打造讓男性穿起來舒服，動靜之間都能呈現美感的男性服裝。他採取了大多用在婦女服裝上的軟性內襯，想盡辦法讓西裝及外套能夠穿起來更柔軟舒適，藉以注入能量。原本他的志願是當一個醫生，據說也在醫學方面學習了一段時間，因此他才會如此在乎穿衣的人是否開心，並且將展現人體之美視為設計的基本要素。結果，他所設計的衣服穿起來真的格外輕鬆，而且非常合身服貼。亞曼尼受到了體型較魁梧的美國人歡迎，好多好萊塢明星都很喜歡穿，甚至他的影響力還傳到日本，掀起劣質的復刻流行，就如同第二章所談到的「輕裝」。

接著登場的是尚 ・ 保羅 ・ 高緹耶(Jean Paul Gaultier)，雖然他在二〇二〇年的春夏巴黎時裝週引退了，但他打造的瑪丹娜（Madonna）上空裝，以及在盧 ・ 貝松（Luc Besson）的電影作品「第五元素」中負責角色定裝等等的事蹟，相信還是會讓大家記住他。

他所設計的服裝有一大特色，就是顛覆傳統，比方說讓男性穿上裙子，或讓女性穿上褲子，也就是在可接受的範圍內，盡情展現西歐人的幽默，大玩性別交錯的遊戲。另外，他也是非常懂得解讀時尚流行風向的人，在他的時裝秀上，經常可以看到他採用了當代的熱門焦點當作素材。

我曾現場見識過保羅的「典型猶太服裝」、「全都由四角形及立方體所組成的服裝設計」、「喜瑪拉雅及西藏的游牧民族風」等各式各樣的風格，創意的多元設計每每都讓我驚訝不已，而且他還企畫出「所有模特兒上台唱歌」之類的劇場式表演，讓人充分感受到「在時尚的舞台上，什麼都可能發生！」在其中也能體會到保羅高段的行銷手法。

如果創意受到限制，那成長的腳步就會陷入停頓，因此保羅經常打破常規，將青少年文化、街頭文化等元素融入自己的思維之中，是非常特別的一位創作者。他創造出前所未有的鮮明特色，因而讓品牌大受矚目。

近年來，他將自己的觀念、想法及過往的人生經歷，寫進了歌曲裡面，也獲得巨大成功，具體落實了「時尚就是娛樂產業」的精神。

在接受採訪或受邀演說的時候，我常會提到「時尚是一門生意」、「唯有超越障礙、跨過門檻，才能成就一番事業」等等的觀念，而保羅及川久保玲就是最好的例證。

Notes

可可 · 香奈兒（Coco Chanel）
一八八三～一九七一年，法國先鋒時裝設計師，著名女性時裝店香奈兒（Chanel）品牌的創始人。她定義了現代女性主義，女裝男性化的風格，大氣俐落的設計，成為二十世紀時尚界重要人物之一。也被時代雜誌評為二十世紀影響力一百人之一。

伊夫 · 聖羅蘭（Yves Saint Laurent）
一九三六～二〇〇八年，法國時尚設計師，也被認為是二十世紀法國最偉大的設計師之一，一九五五年成為時裝設計師克里斯汀 · 迪奧（Christian Dior）的助手。一九五七年他接掌迪奧的業務。一九六一年成立 YSL 同名品牌轟動全球，成為一代傳奇。

尚 · 保羅 · 高緹耶（Jean Paul Gaultier）
一九五二年生於法國，一九七〇年成為大師皮爾 · 卡登（Pierre Cardin）的助手。一九七六年推出同名品牌，玩世不恭的態度與風格，在法國時裝界獲得「時尚頑童」的稱號，也為導演盧 · 貝松（Luc Besson）打造戲服和二〇〇〇年張國榮演唱會表演服裝，二〇〇三～二〇一〇年擔任愛馬仕的設計總監。

催生時尚的地方

我從八五年開始參加男士巴黎時裝週活動，女士的活動則是九三年才投入。在剛開始參加巴黎時裝週的時候，我是男性時裝的採購。八〇年代左右，一向以女性為中心的時尚產業發生了質變，以男性市場為目標的設計品牌開始在時裝秀上發表作品，間接刺激了男性時裝的成長，話題熱度也跟著升溫。COMME des GARÇONS及山本耀司兩大品牌在巴黎時裝週上發表男性服飾新品也是在八五年左右，在此之前我幾乎一次都沒見過類似的發表。

到了九〇年代，時尚產業進入一個轉換期，九三年左右，「頹廢搖滾風」（Grungy）在美國的音樂界掀起熱潮，源頭就是「超脫樂團」（Nirvana）等等的搖滾樂團。Grungy有「骯髒」、「汙穢」的意涵。

七〇年代搖滾樂已經相當商業化，因而出現了新的龐克搖滾浪潮，而頹廢搖滾則是緊接著傳統搖滾樂在流行樂上退燒後，一舉竄出頭的，頹廢搖滾也可說是九〇年代版的龐克搖滾。

在流行時尚圈，頹廢搖滾也被稱為「新龐克」，就是一種把自己所擁有的一切全都穿在身上的風格。身上的衣服破舊到可以直接丟了，女性則會在充滿破洞的牛仔褲上面再套一件洋裝…這樣的風格帶來莫大的衝擊，就連主要的時尚媒體也受到影響，「VOGUE」雜誌就曾製作了頹廢搖滾特集，馬克．雅各布斯（Marc Jacobs）及杜嘉班納（Dolce & Gabbana）等知名品牌旗下的設計師，也發表了以頹廢搖滾為主題的時裝秀。另外，時尚模特兒的選角也在這波流行的影響下產生了質變，採用了更多不同風格的人選。

頹廢搖滾的精神其實就是「街頭風」，受到街頭文化的刺激而產出的設計作品，往往會成為焦點話題，讓人覺得街頭的光景比秀場的伸展台還要有趣，這樣的傾向在世界各地都可以看得到。從某個角度來說，時尚秀也有點是被街頭這個小蝦米給打敗了。在九三年頹廢搖滾登場之後，世界各地的時裝週也產生了變化，能夠吸收街頭元素並且運用得當的設計師，往往就能在舞台上發光發熱。這讓我深深感覺到，時尚流行的起源地，真的已經不侷限於巴黎了。

另一方面，義大利的時尚圈也經常會出現讓我覺得非常有趣的設計，讓人目不暇給。反抗體制與階級，以充滿叛逆思維、批判力道的年輕人為媒介的時裝秀或音樂作品，肯定就是來自義大利。我的設計原點是來自披頭四，而義大利也同樣擁有像披頭四一樣的能量，因此吸引了我的注意。

一九五〇年代，勞工對抗資產階級的戲碼持續上演，以倡導反體制聞名的作家亞倫・西利托（Alan Sillitoe），發表了「憤怒的青年」一書；進入六〇年代，披頭四竄出，而設計出迷你裙的瑪莉・官（MARY QUANT）也對全世界帶來深刻影響，長髮、搖滾、摩斯族時尚、迷你裙等等的青年文化一時之間甚囂塵上，這股風潮也拓展至世界各地。隨後不久，「搖擺倫敦」的時代降臨，整個倫敦每天都像在辦慶典一樣，既歡樂又充滿趣味，超酷的街頭文化瞬間崛起，但卻又快速恢復平靜，差不多到了一九六八年，這一連串的歡樂狀態就畫下了句點。在知名影星米高・肯恩（Michael Caine）主影的電影「我的世代」（My Generation）中，就有將當時人們的生活實況介紹出來。

後來有段時間，時尚流行進入停滯期，不過到了一九七〇年代初期，英倫風登場，許多喜歡標新立異的男性藝人，突然之間在世界各地流行起來，像是提雷克斯（T.Rex）、大衛・鮑伊（David Bowie）、羅西音樂樂團（Roxy Music）等等。這是新型態的搖滾風格，超越了男女性別藩籬及時代背景的侷限。到了二〇一九年，紐約大都會藝術博物館舉辦了「坎普藝術展」，藉以闡明坎普藝術的美學意識及內涵。已故的美國文學家及評論家蘇珊・桑塔格（Susan Sontag），就曾以一篇名為「關於坎普的雜記」（收錄在「反對闡釋」一書中）的文章，說明了坎普的精神，內容十分精采有趣，有興趣的讀者請務必翻閱細讀。

Notes

馬克・雅各布斯（Marc Jacobs）
一九六三年生於紐約，一九八四年時他與一位好友共同組成 Duffy DesignsInc 公司，在一九九二年準備發展自己的品牌，後來 LVMH 集團併購了 Duffy DesignsInc，馬克．雅各布斯（Marc Jacobs）藉著集團的強大勢力開始發展自己的品牌 Marc Jacobs，在一九九七年時馬克成為 LV 的藝術總監，自此他一躍成為歐洲時裝設計的新星，長達十六年的合作將 LV 推向精品龍頭。

杜嘉班納（Dolce & Gabbana）
一九八五年由義大利設計師 Dolce 和 Gabbana 成立，品牌以他們的姓氏命名，兩位同時也是一對的同性戀人，他們常從年輕人身上擷取靈感，品牌性感且狂野的風格席捲全球。深受好萊塢明星的喜愛如：瑪丹娜（Madonna）、凱莉．米洛（Kylie Minogue）等，現在已成為國際奢侈品集團。

令人目不暇給的義大利時尚聚落

英國的社會經濟持續惡化、年輕人對現況的不滿日益高漲，釀成了一九七六年的龐克運動，爾後也形成一股時尚潮流風氣。英國的流行文化真的很有趣，往往都會建立在人們對於政治、社會、經濟等層面的不滿上，從對立與焦慮的氛圍逐漸變成文化內涵，進而以搖滾的形式表現出來，最後成為時尚潮流。

在時尚圈，有個名詞叫做「時尚聚落」，直白地說就是時尚族群，比方說摩斯族（mods）或壞男孩（Teddy Boys）等等，各式各樣的時尚族群存在於社會之中。在這麼多的「聚落」（族群）之中，最引人注目的莫過於倫敦了，因為在倫敦，隨時隨地都會有新的東西冒出來。才剛覺得龐克的浪潮稍稍平靜一些的時候，新浪漫主義的海盜風又掀起巨浪…新浪漫主義也是影響音樂及時尚非常深的風格之一。

一九八六年，「美麗與文化之屋」（House of Beauty and Culture）在倫敦東北部誕生了，這是一間兼具商場功能及創作工作室概念的公司。以鞋款設計師約翰 ・ 摩爾（John Moore）為中心，隨後加入了將發展據點遷至東京的設計師克里斯多福 ・ 尼梅斯（Christopher Nemeth），以及飾品設計師朱迪 ・ 布萊姆（Judy Blame）等人，他們就像學生社團一樣聚集起來成為一個團體，租借破破爛爛的地方充當工作室，拿撿回來的東西當作素材，標準的從零開始，逐步打造出自己的作品。有趣的點在於，這些不受常識侷限的年輕人們，雖然沒有資金，但卻有無限才能，當他們聚集在一起，就形成了一股風潮。

差不多在同一個時期，也就是一九八六到一九八九年間，倫敦掀起了一場青年時尚文化運動，他們被稱之為水牛（Buffalo），由知名設計師雷 ・ 佩特里（Ray Petri）為中心所聚集起來的年輕人們，包含攝影師及設計師，他們會在街頭尋找漂亮的模特兒，當時年方十四的娜歐蜜 ・ 坎貝兒（Naomi Campbell）就是這樣被挖掘出來的。Buffalo 運動及師雷 ・ 佩特里（Ray Petri）的最大貢獻，就是讓「造型」變成一種創作，而非單純只是服裝的穿搭。這樣的想法能夠在後續形成一種文化運動，就代表他們是對的。設計師、造型師及時尚編輯，很多都承繼了水牛的 DNA。

八〇年代後期在倫敦所發起的各種運動，幾乎都是看年輕人表現，而且共同的特色就是超越階級、社會地位及品牌價值觀，甚至打破了人種、性別等等的藩籬，真正實現了「做自己」的目標。在這股風潮的影響之下，義大利就常會有出人意表的設計作品出現，自從我在一九七七年踏入業界以來，義大利的時尚圈就一直深深吸引我。

不過，現在是輪到東京表現的時代了，原因之一就是「日本的年輕人非常願意掏錢買衣服」。現在的倫敦年輕人大多因為手頭拮据，所以不怎麼買衣服。在日本，年輕人會把打工的錢全部都拿來治裝；然而在倫敦，打工都是為了賺取生活所需，光是要付房租以及圖個溫飽，就必須得要耗盡心力了。兩地的現況差距可說是非常大，雖然說日本年輕人也不是特別寬裕，但他們的價值觀就是「平常可以吃泡麵，但還是一定要買衣服」，我覺得這也是日本時尚圈會如此繽紛多彩的原因之一。

對於這樣的現象，我無意加以批評，只是想將其當作一種流行元素持續觀察。集攝影師、時尚編輯以及記者身分於一身的都築恭一先生，曾發表「住在四坪半的小房間裡，被喜歡的衣服團團包圍的日本年輕人」為主題的系列照片。由於近年來在 Mercari 網上二手衣物的買賣流轉越來越蓬勃，使得喜歡打扮自己的年輕人越來越多，簡直就像八〇年代都築先生最為在意的時尚族群再次席捲重來一般。

Notes

雷 ・ 佩特里（Ray Petri）
一九四八～一九八九年，出生於蘇格蘭，他是時裝造型師和 Buffalo 的創造者。水牛（Buffalo）的時裝風格並不在意外表男性化還是女性化，種族、年齡也不是問題。在八〇年代頻繁出現於「The Face」、「Arena」等雜誌，水牛（Buffalo）的成員也越來越多元化，可能是攝影師、模特兒、化妝師、髮型師等職業，最終 Ray Petri 成為世界上第一位時尚造型師。

娜歐蜜 ・ 坎貝兒（Naomi Campbell）
一九七〇年，出生英國倫敦，暱稱「黑珍珠」、「超級名模」，也是（Buffalo）的成員，一九八八年登上 VOGUE Paris 封面首位黑人模特兒，她縱橫伸展台三十五年，有著無數傳奇，就連碧昂絲（Beyonc）都在二〇〇六年金曲「Get Me Bodied」中歌詞對她致敬：「走娜歐蜜 ・ 坎貝兒的台步，娜歐蜜 ・ 坎貝兒的台步。像娜歐蜜 ・ 坎貝兒一樣橫跨全場。」。

安特衛普六君子及馬丁 ・ 馬吉拉（Martin Margiela）

就在倫敦掀起水牛（Buffalo）熱潮的一九八〇年代後半，以比利時的安特衛普皇家藝術學院為開端，再加上第二章介紹過的馬丁 ・ 馬吉拉（Martin Margiela），幾位安特衛普皇家藝術學院出身的新人設計師，紛紛在這個時期嶄露頭角，登上巴黎時尚週的舞台。當時雖然活動主辦地點在巴黎，但人氣排名前十的設計師之中，沒有一位是法國人。

安・德默勒梅斯特（Ann Demeulemeester）、瓦爾特・范貝倫東克（Walter Van Beirendonck）、迪爾克・范薩納（Dirk Van Saene）、德里斯・范諾滕（Dries Van Noten）、迪爾克・比肯貝赫斯（Dirk Bikkembergs）和瑪麗娜・伊（Marina Yee）等六位設計師合稱為「安特衛普六君子」，他們幾乎都是在同一時期從安特衛普皇家藝術學院的時尚科畢業，並以時尚設計師的身分在業界活躍至今。

關於安特衛普皇家藝術學院，我在第三章已經有稍微描述，不過在此還是要特別提一下學院的時尚流行科系主任教授琳達・洛帕 (Linda Loppa)，她是一位非常有先見之明的人，對於這幾位有意成為設計師的學生們，她提供了許許多多新的事物，適時給予刺激，同時也成為強而有力的後盾。

這幾位學生們經常會去逛首都布魯塞爾的一家店，這是比利時第一個引進山本耀司及COMME des GARÇONS商品的店家，店主是鼎鼎大名的珍妮・梅倫思（Jenny Meirens），也是Maison Martin Margiela品牌的重要推手。

學生們在這家店與COMME des GARÇONS及山本耀司兩大品牌相遇，時尚魂因而覺醒，紛紛開始構築自己未來的夢想與理想，並踏上自己的征途。於是到了一九八五年，安特衛普六君子正式成軍，而馬丁・馬吉拉（Martin Margiela）則是在八八年正式出道的。

馬丁・馬吉拉（Martin Margiela）的設計相當特別，一般來說，衣服上都會有一小塊寫著品牌名稱的小標籤（布標），但他的卻是一塊「什麼都沒寫的白色布標」，並且直接將其縫在衣服的背部，這樣的方式成為了他特別的印記，顛覆傳統的創意發想讓業界大為震驚，這也成為品牌亮點。

品牌內部的服裝種類若是增加了，通常會用數字或記號來表記，關於這一點，依舊還是只在白色布標上簡單標示一下數字而已。他們之所以會這麼做，無非是希望衣服本身的價值能被看見，而不是只有品牌名響亮，這就是他的設計哲學。他經常與安特衛普六君子一起在世界各地往來奔波，日本也來過兩回左右，他們來到日本的時候，見到了工作服及忍者鞋。當時忍者鞋在我的同溫層之中非常流行，後來還誕生了跟分趾襪一樣將腳趾頭分成兩邊的平底鞋種，這是馬丁・馬吉拉（Martin Margiela）的代表作品之一。

後續的幾年，他拜訪日本的次數多不可數，而最常去的地方就是布料行，根據他常造訪的布料行老闆所述，除了洽談生意、看布料樣本，還有參觀生產線之外還會特別去工廠角落，待在煮熱水的鐵桶及陶壺區域，專注盯著吊起鐵桶、陶壺的吊鉤看。可能他是覺得吊鉤的陳舊感很特別，也有可能是把吊鉤視為一種永遠不會消失的物品看待了吧。

後來他別出心裁地發想出撕破布料的設計，有可能就是把創意投射在「回收再利用」的想法上。他是一位劃時代的設計師，可以用將日本的「侘寂」融入西方的設計中，讓陳舊老化不再只是劣化的過程，而是轉化為一種具像的美感，並對外傳達強烈的訊息。由馬丁・馬吉拉（Martin Margiela）為主要代表人物的派別被稱為「安特衛普派」，除了日本之外，他們在世界各國所獲得的評價都相當高，我想可能是人們對於安特衛普派的精神感到特別親切吧。

Notes

琳達・洛帕（Linda Loppa）
出生於比利時，一九七一年畢業於安特衛普皇家藝術學院時裝學院。一九八一年返回母校任職，一手打造了「安特衛普六君子」（The Antwerp Six），並在倫敦時裝週驚艷登場，使安特衛普皇家藝術學院時裝系成為世界一流的時尚殿堂，也讓安特衛普成為可以與巴黎、米蘭媲美的時尚之都。

珍妮・梅倫思（Jenny Meirens）
她是設計鬼才馬丁・馬吉拉（Martin Margiela），在一九八八年創立品牌的合作夥伴。也是著名法國時尚品牌 Maison Martin Margiela 的聯合創始人，被視為該品牌成功商業化的重要推手。二〇一七年逝世之後 Maison Martin Margiela 更名為 Maison Margiela，宣告一個時代落幕。

為了創造所做的破壞

就像前面所提到的，假如少了日本時尚圈的影響，恐怕安特衛普六君子或馬丁・馬吉拉（Martin Margiela）也都沒有登場的機會。日本時尚趨勢的特別之處，就是沒有階級限制、沒有性方面的誘惑，因而能夠透過創意及真摯的思維進行設計，自由度真的非常高。

身為安特衛普畢業的學生，六君子可能並沒有做過什麼深入的分析，不過日本的設計風格還是讓他們驚呼「居然有如此新穎的設計」、「有在做這些事真的好棒」，我想他們應該從中得到了繼續向前的勇氣，事實上從他們幾位的公開發言中也能證實這個想法。

那麼，馬吉拉在時尚界究竟具有什麼樣的地位呢？在歐美人士口中，他是名符其實的「破壞之王」；至於「破壞女王」的名號由誰拿下呢？沒錯，正是川久保玲。原因很簡單，他們兩位不約而同都會破壞既有的規則，對於傳統的審美觀、價值觀，或是衣服製作的基礎理論，進行破壞性的革命。

關於川久保玲的故事，我在書裡已經提到很多了，而馬吉拉的破壞方式，則是一個接著一個打破衣服製程方面的既有概念，把不是衣服的東西拿來當衣服，或是藉由重新製作或升級改造的方式，來實現最一開始的概念。

出道之初，馬吉拉兩袖清風，沒有錢可以設計衣服，所以他就到古著店買二手衣，然後回來全部解體，接著在版型紙上重新製作；另外，他也會蒐集紅酒的軟木塞，並串起來做成項鍊；還有些作品是將金繕技術修補盤子的技巧用在飾品的製作上。他也曾有過在人台（只有軀幹的人像模型）上製作衣服的構想。

這些作品之所以會受到好評，主要是因為他製作衣服的技術相當到位，而且在邏輯上都非常合理，並非只是單純的天馬行空。更有甚者，他最能夠引發共鳴的點，就是對於女性的尊重。馬吉拉認為自己的使命就是要製作出讓女人看起來很美麗，並且能讓女人變幸福的衣服。愛馬仕曾經聘請馬吉拉擔任設計師，並賦予他重要的工作，也是基於對他的信賴及理解。

還有一個大多數人都忽略的重點是——馬吉拉的破壞都是針對已經成形的結果所做的動作。意思是說，對於原本的成果，他總是抱持著高度的敬意，並且做足了相關研究之後，才會開始進行破壞，他並不會破壞完就撒手不管。對他而言，破壞就是創造，也就是為了創造所以必須破壞。前面我有提到馬吉拉對於日本的鐵桶及吊鉤產生莫大興趣，但那並不是破壞。我想在那個當下讓他目不轉睛地，應該是「永恆」吧。

我在前面有提到，馬吉拉的美學與日本人的精神相當契合，比方說茶道或武道的領域所重視的「守 • 破 • 離」，遵守傳統、破壞傳統、遠離傳統，進而建構出新的標準（能夠永恆保存的），這樣的思維其實也可以說是馬吉拉的哲學。UA 創社社長重松理也常說：「創造性的破壞是商業運營的關鍵。」

——— 藉由歷史經驗來審視當代

八〇年代還有一位像馬吉拉一樣等級的人物，那就是約翰 • 加利亞諾（John Galliano），他出道的時間跟馬吉拉差不多，而且也成功打破過既有的規則，更重要的是現在仍活躍於時尚圈。他出生於英屬直布羅陀，求學時就讀的是中央聖馬丁藝術與設計學院（Central Saint Martins College of Art and Design）是倫敦著名的藝術大學，從以前到現在培育出非常多優秀的設計師。他出道時的設計作品，一推出就立刻被倫敦最大的精品百貨「布朗斯」（Browns）一掃而空，可說是一出場就一鳴驚人，日後更是一路平步青雲。

不過，越是了解他，越覺得他優秀的地方是對於歷史的解讀與重視。他的設計作品中，參考了許多歷史上的經典服裝及設計師作品。

參考過往的設計作品這件事，在時尚圈來說是習以為常的事情，比方說英國的「龐克教母」薇薇安 ‧ 魏斯伍德（Vivienne Westwood），她在學生時期就是一個想法激進的人，並且終其一生都是無政府主義者，然而曾經當過老師的她，很喜歡在歷史中尋找設計靈感。無論是海盜所穿的衣服，還是王公貴族的華服，以及任何一個年代的浪人，她都會參考。她也經常會有「很英國」的獨特創意，不過她的作品雖然看起來都有經典的意味，但骨子裡卻是無政府主義的思維，因此造就了一件又一件張牙舞爪的衣服，而這些作品，真的深得年輕人的心。

現在大家在日常生活中已經非常習慣資料要存檔這件事，我認為歷史其實也是一種「存檔」。在浩瀚的歷史之中有取之不盡的資源，包含各式各樣的線索、想法，還有哲學思維，全都藏在裡頭。現代與歷史相互交融、對照與共存，其實不單只有時尚圈會這麼做，社會上的各個領域也都是如此，也就是考察過往歷史，並藉此推敲出未來的規劃。約翰 ‧ 加利亞諾（John Galliano）就是一個會在設計服裝時參考過去歷史的設計師。

約翰 ‧ 加利亞諾（John Galliano）的風格跟薇薇安相近，不過他在參考歷史之餘，卻有更加敏銳的觀察力，對時代有更深的理解，因此常會有「當下這個時代應如是」的創意。他的研究方式簡直就像是個社會學者一般，會去深入探究這個世界所發生的事情、以及人們在意的焦點，而非只是在表層捕風捉影。為什麼會發生這個現象？當下的背景為何？徹底研究這類的歷史問題，並在過程中一一蒐集重要的關鍵字及元素，然後逐步匯聚成「設計」的核心。你也可以把它想成是論文，或是會在學會發表的研究內容。

對於設計服裝、設計各種事物的「愛」，以及對社會及人類抱持著高度的興趣，這就是加利亞諾的原動力。更重要的是，他總是能保持幽默感。例如在「俄羅斯革命」這場時裝秀上，所有登上伸展台的模特兒都被設定為「因俄羅斯革命而逃跑的人」，他詳細地參考了歷史背景，因此服裝從資產階級到遊牧民族都有。而且，加利亞諾不僅重現了當時人們在夜裡奔逃的情景，甚至還更加誇張化，讓模特兒背上各式各樣的東西，就連桌子都有，真的非常神奇。

以設計功力在世界上走跳的人們，大多都擁有豐富的幽默感，不過一般來說，在時裝秀上往往都只能看到美麗的服裝，唯有加利亞諾的場子會特別有幽默感的展現。他不單單只是有趣而已，還經常成為時代先驅，比方說有一季他就把老人與年輕人、男人與男人、女人與女人、巨人與侏儒…等等，各式各樣合理及不合理的組合送上舞台，在多元性一詞問世之前，他就已經大膽地舉辦這類型的時裝秀了。

在他的腦中除了自由的意識之外，還有豐富的學識。他很喜歡研究各種事物，並且希望能夠了解服裝在這個世界上的所有資訊，因此隨時隨地都在思考這類事情。更重要的是，他的專業技術還非常好，懂繪畫、懂版型設計，也會將原布剪裁成衣服，就連布料的立體剪裁都難不倒他，隨手就可以創造出美妙的摺痕。當今活躍在時尚圈的設計師們，真的有辦法從零開始把衣服做出來的人意外地少，而加利亞諾就是其中之一。他可以稱得上是天才，也可以說是為了設計衣服而生的人。他自己也曾說過：「我這一生都會是服裝設計師。」不過，在工作上經常過勞的他，後來陷入了酒精及毒品的麻煩，並引發了不少事件。後來雖然他暫時從時尚舞台上退下，不過如今也以「Maison Margiela」的設計師身分重新出發，並帶入新的創意，也刺激了業績的成長，可以說是繳出了漂亮的成績單。

我想，對時尚業界來說，改變時代的那些人並非只是帶來破壞，音樂界也是如此，為了反對搖滾而生的龐克及頹廢搖滾等派別，日後都還會以一種現象或一種風格的形式被保留了下來，成為音樂性的選項之一。

對社會來說，破壞時代、指出方向，並針對「接下來該怎麼辦？」這個問題提出答案的設計師們，都會以革命家的身分留名青史，讓後人可以研究及評論。在這群人不停破壞與創造的過程中，我們也能漸漸看到未來世界該有的樣子。川久保玲、馬丁・馬吉拉（Martin Margiela）、約翰・加利亞諾（John Galliano）等人，都是這類型的設計師。

Notes

中央聖馬丁藝術與設計學院（Central Saint Martins College of Art and Design）
成立於一九八九年，是世界上首屈一指的藝術設計學院。許多的畢業校友成就不凡，如：理查德・朗（Richard Long）、約翰・加里亞諾（John Galliano）、亞歷山大・麥昆（Alexander McQueen）、保羅・史密斯（Paul Smith）、詹姆士・戴森（James Dyson）等，因此被譽為孕育頂尖設計師的搖籃。

民族服裝是時尚的「基礎」

約翰・加利亞諾（John Galliano）在參考歷史的過程中，對民族服裝做了深入的研究，並積極探索能夠使用的元素，藉以造就前衛且具影響力的服裝。其實不只是他，包含伊夫・聖羅蘭（Yves Saint Laurent）、高田賢三，還有畢業於安特衛普皇家藝術學院的德賴斯・范諾頓（Dries Van Noten），也都喜歡將民族服裝一點一滴地帶入時尚圈之中。

高田賢三或約翰・加利亞諾（John Galliano）所參考的民族服裝，主要是版型及可愛的設計概念，而德賴斯・范諾頓（Dries Van Noten）則是會對民族服裝的背景及文化做深入的考察，並在作品中呈現出一份尊敬之意。德賴斯有好幾次將「印度」設為主題，為此他還親自跑到印度取材，最後還把一家印度的傳統刺繡工坊當作自己的工作室，對傳承古來的傳統技法作出了貢獻。

民族服裝的確應該要繼續存在於這個時代，雖然它們可能還是會以博物館為最終歸宿，但我認為至少要在慶典的時候穿出來，藉以傳承民族的精神。當然有些人可能會認為「生活型態都已經改變了，將過往的服裝保留下來沒有太大的意義」，但無論如何，這些衣服所代表的是「人們過去的生活樣貌」、「在那段時間裡催生了什麼樣的哲學」、「孕育了什麼樣的神話」，這些極具文化性、精神性及歷史性的元素，都應該被保留下來。

近年來，市場上出現了上下分離的和服設計，靈感是來自於傳統的和服，但我認為這並不能算是保留民族服裝的作法。以食物為例，用酪梨來包壽司的「World Sushi Cup」，或許是創造了一個很新奇的料理，但已經不能說是壽司了吧。真正的壽司就是要用手去感受醋飯的微妙溫度，然後跟其他配料完美結合，日本的壽司文化就是這樣透過職人專業技巧來進行傳承的傳統料理。

民族服裝也是如此，服裝本身的精神是不容破壞的，因此我認為真正優秀的設計師，不可能會發想出和服上下分離的設計款式。越是接近傳統的原型，才越能將背後的精神好好地保留下來。

民族服裝是時尚的「基礎」之一，也是時尚產物能夠在歷史中被記上一筆的關鍵。前面所提到的安特衛普皇家藝術學院，第一年為學生準備的是服裝設計的基礎，第二年是歷史上的服裝，第三年則一定會是對民族服裝的研究，到了第四年終於要畢業了，就得準備發表畢業製作。也就是說，「在學服裝設計之前，一定要先做歷史的考察」。

我不斷強調，時尚就是一種文化。在人類的漫長歷史之中，每個民族與各自的服裝之間都具有深刻的聯結，像是地域的差別就會對素材產生影響，像是防寒機能，或是抵抗毒蟲、毒蛇攻擊的靛藍色等等，都是人類將智慧用於創造的最佳證明。另外，服裝的色彩呈現也會被土地的氣候與自然條件所牽動，並帶來各自不同的獨特魅力，所以說，在地的手工藝作品真的是人類的寶藏。

在近代資本主義及工業製造的背景下，大量生產的衣服誕生了，而且成為人人都買得到的商品，而這些商品就具有傳達訊息的附加價值，因此也造就了現在的「時尚」。不過，也有不少存在已久的民族服裝，在世界各地誕生、孕育，並且以最原始的樣貌被妥善地保存了下來。

各個民族都有不同的外貌、不同的語言及文化，同時也依靠著各自的價值觀發展，我覺得這是很棒的事情。「性格」這個概念是近代西方思想的產物，強調的是「個體差異性」的優點。從這個角度來看，民族服裝不就是民族之間「個體差異性」的一種呈現方式嗎？

記得是在一九七〇年代吧，我曾經看過三宅一生先生所發表的一段話，他說：「沒有什麼衣服能像民族服裝一樣完美，所以我並沒有打算要創造與之對抗的設計，但我想做的是，設計出一款符合現代人全體的民族服裝。」我認為，這段話就是三宅一生這個品牌的原點，同時也是設計發想的源頭。

仔細想想，其實不只三宅一生，八〇年代之後震撼世界並帶來莫大影響的山本耀司及 COMME des GARÇONS 也是如此，在先進國家的大城市之中，「都市型遊牧民族」的數量越來越多，甚至可以說現代人整體就是一個民族，所以我們現在也正在創造「符合時代需求的民族服裝」。

待在自己從小生長且熟悉的地方，當然能得到親切感以及共鳴，不過隨著近代化、都市化、核心家族等現象迅速發展，人不親土親的價值觀已然漸漸衰退。因此我認為，能夠讓人在尊嚴與自覺中成長茁壯的關鍵，就是時尚流行，而這也是日本的設計師們正在努力的方向吧。

巴黎時裝週與奢侈品之品牌轉型

將話題轉到巴黎，以往大家不斷地將巴黎宣揚為全世界時尚流行的集中地，實際上，現在巴黎也真正成為了所有時尚流行發表的核心地點了。然而，真正有才能的人若是無法聚集在那邊，以較好的模式讓服裝能夠流通，並與消費者產生密切連結的話，充其量也只是外強中乾的噱頭罷了，因此，品牌端無論如何還是要必盡全力去行銷，好讓消費者願意買單。

也就是說，品牌的行銷必須靠著不斷地製造話題、炒熱話題，必須有人經常提出「這就是現在最流行的！」等方式。為了達到那些目的，其中一個策略就是靠設計師們的個人魅力以及交際手腕，不得不說這在當今的時尚圈也變得非常重要了。特別是在近五年期間，我感到那些行為變得越來越明顯。由於巴黎終究是發表時尚觀點的場所，富有才能的設計師會從世界各地聚集而來，除此之外，針對時尚流行提出評論的人也會到場，所以我也沒辦法對那些情況視而不見，這就是目前巴黎時裝週的狀況。

而奢侈品的品牌，也正不斷地產生重大變化。所謂的奢侈品品牌，即是指古馳（GUCCI）、路易威登（LOUIS VUITTON）等，原本是製作供上流社會人士們所使用的「馬具」及「旅行用品」起家，之後便開始生產城市生活中方便使用的「提包」而廣為人知；另外，LV 也藉著冠上自家品牌名的香水大為暢銷的機會，擴大了事業版圖，成為跨產業發展的企業（Conglomerate），進而推出高級成衣商品，也就是提供可選擇尺寸的服裝，購買後即可穿上的成衣（法文為 Prêt-à-porter），持續地擴張企業規模。

一般來說，奢侈品品牌的產品價格都非常地昂貴。例如一般市面上服裝的銷售價格，即為服裝成本再加乘上幾個百分比之後去銷售，但奢侈品品牌並非如此，對照原本的成本我們會發現其銷售價格的設定法非常跳脫一般的認知範圍。在那之中，可揭露的部分就是「行銷」。所謂的「行銷」代表著什麼？基本上品牌店位於很宏偉的建築物之中，或者是打出高預算的廣告等等，都包含在行銷方式之中。但這些行銷方式，今後應該會漸漸地瓦解。在這個社群媒體盛行的時代，價格昂貴的奢侈品品牌，應該更難產生其價值了吧。

為何會產生此種變化？大致上可分析出兩個理由。第一個理由是，原本應該支撐著奢侈品品牌的「憧憬感」，已經無法像以往一樣「由上流社會影響至下層」，如今影響著社會大眾的資訊傳播者，已經轉為 Youtuber 及 Instagrammer。資訊傳播者與接收資訊者的距離很接近，甚至變為相同的立場。

第二個理由為「憧憬感」本身的變質，甚至可說是衰退。目前的世界，強調的是永續性（Sustainability）以及人性（Humanity），還有人際溝通等重點，以往人類所重視的問題是「如何生存下去？」但現在已經轉移到「個人生活優先」的價值觀。也就是說，正因為永續性、人性、以及人際溝通的存在，人類才有生存的意義，才能夠產生價值。因此，光有「奢侈品很漂亮且昂貴，名人在使用」這些包裝術語，已經很難產生價值感及憧憬感。

在前一個時代，能夠買得起奢侈品，就代表著一種身分地位。另一方面，「若以分期的方式付款的話，什麼都買得起」的風氣，在日本漸為盛行。因此，一般民眾的想法轉變為「可以用分期付款的方式來購買奢侈品」；另外，奢侈品品牌也會推出手機掛繩之類的小東西，並強調那是「一萬日元就可以買到的 XX 名牌商品！」事實上，向奢侈品品牌建議「銷售手機掛繩」的，就是日本人。

以分期付款即可購買到名牌的消費行為，以及推出一萬日元可入手的奢侈品品牌手段，讓原本對昂貴名牌敬而遠之的一般消費者，都變得很容易能買到了，或許這也可以說是奢侈品平民化吧…以往能夠保證維持民眾們對名牌的憧憬感時代，已經變質、漸漸衰退，而平常都能買得到的奢侈品品牌，本身的價值感也下降了，以專業用語來說的話，就是所謂的「價值毀損」（Devaluate），如今，我也認為奢侈品品牌之價值，已經變得相當低落了。

奢侈品品牌所扮演的角色

以往，奢侈品品牌真正所扮演的角色，是雇用有才能的設計師，在市面上推出真正有趣的設計產品，藉以創造一個新的時尚流行趨勢，從而開創出商業面、文化面的經濟效果。所謂單純的商業效果就是「產品大賣」，而文化面的效果即為「能夠讓人們的生活變得更為美好」。產生新的文化，即能創造商業流通。然而那些模式，不知在何時變成了「只要能夠創造話題就好了」，或是「現在這個人是最有人氣的，就讓設計師跟著這個人吧」，若變為此種趨勢的話，在企業經營上的判斷，就會轉為以「這個人所作出的服裝是好或壞」的判定方式為準。

奢侈品品牌的代表之一為 LVMH 酩悅 ・ 軒尼詩－路易 ・ 威登集團（法語：Moët Hennessy Louis Vuitton）以下簡稱為 LVMH。此品牌原本是為路易威登（LOUIS VUITTON）的創辦人所創立的提包專賣店。由法國的實業家貝爾納 ・ 阿爾諾（Bernard Arnault）成功收購後拓展業務，在那之後，他還先後收購了紀梵希（GIVENCHY）、迪奧（DIOR）、埃米利奧 ・ 普奇（Emilio Pucci）等老品牌，藉以併購擴大自己的事業版圖，這也是他的經營策略。

二〇一九年十一月，阿爾諾以一百六十二億美元（約一兆七千六百五十八億）收購了蒂芙尼（Tiffany & Co），至一九年底時，該品牌的時價總額增值到二千六十億歐元（約二十五兆千三百二十億円）。這個數字已經等同荷蘭皇家石油與英國的殼牌兩家所合併組成的荷蘭皇家殼牌（Royal Dutch Shell Plc，世界第二大石油公司），甚至還一舉超越，幾乎稱得上是宇宙規模了。

對於蒂芙尼，出現了如此強而有力的支持者，也許稱得上是非常值得欣喜的事。蒂芙尼（Tiffany & Co）此品牌本身的優勢、以及其品牌特質的方向，之後將變得如何呢？

將這些品牌都併入同一個集團，或許可以得到很強的行銷綜效，但單一品牌的成長或是健全的競爭環境該怎麼建立呢？舉例來說，就如同學校裡有五位短跑很強的小孩子，將他們都安排在同一個班級後，只有那個班級的短跑成績會變好，其他班級的孩子們，無論怎麼跑都無法贏過他們。如此一來，孩子們就會認為「就那個班級的人去跑就好了」，對吧？

目前的時尚業界也是一樣的情況，LVMH 集團已經拓展得太巨大了，時尚界宛如它們的王國，這麼一來將無法打造健全的競爭環境，也可能有脫離獨創性的危險。

雖然這樣說有可能會造成誤解，但我並非有意仇視、侮蔑這些奢侈品品牌。只是，若奢侈品品牌出現「一家獨大」的狀況，就會像「長期執政」一樣，容易導致獨裁或是腐敗。原本期望能夠如光輝般耀眼的存在，若走下坡的話，則會造成業界整體的困擾。再者，若變成「一家獨大」的局面，假設有新聞工作者針對該集團內的品牌時尚展寫出批判性言論，則可能會出現封殺該新聞工作者的舉動，這樣的傲慢且缺乏寬容的態度，其實就類似美國川普政權下時的狀況。

就我看來，目前的狀況正使得以巴黎為中心的時尚業界變得越來越無趣。然而，從另一個角度觀察，雖然在時尚業界裡有一個「帝國」存在，但在他們的影響力無法觸及的「化外之境」及「邊緣地區」，也許就存在著有著有趣事物的可能性。

Notes

蒂芙尼（Tiffany & Co）
一八三七年成立於美國紐約是以純銀餐具著名的品牌，在一八五一年推出了純銀飾品後造成轟動。一八八六年更推出了最為經典的「Setting」系列鑽戒。以六爪鉑金設計將鑽石鑲在戒上，襯托出了鑽石可全方位折射光芒萬丈。「六爪鑲嵌法」面世後，立刻成為訂婚鑽戒鑲嵌的國際標準。

埃米利奧 · 普奇（Emilio Pucci）
Emilio Pucci 是義大利知名服裝設計師，也是該品牌的創始人，一九一四年出生於義大利。擅長將鮮豔明亮色彩與普普藝術的圖紋印花，結合飄逸的絲材質，營造出摩登時髦慵懶的氣息，Emilio Pucci 於一九九二年逝世後由後代繼續經營，二〇〇〇年納入 LVMH 集團旗下品牌。

為何日本沒有自有的奢侈品品牌呢？

日本的時尚界，也算是一個「化外之境」。在前言時我曾提到，日本的時尚業為何很有趣，原因就是日本並沒有如同歐美般規模龐大的奢侈品品牌。「日本既有著高度的技術，審美觀也高，何不試著推出日本自有的奢侈品品牌呢？」近期，像這樣的討論越來越廣泛，雖然眾說紛紜，不過我認為對日本人來說，真正能夠感覺到是奢侈品的東西，並非一眼就能夠感受到其華麗、奢華感的物品，而是整體完成度高的藝術品。從以前，螺鈿工藝（是一種在漆器或木器上鑲嵌貝殼或螺螄殼的裝飾工藝）、木材蒸汽彎曲工藝（Magewappa，使用日本扁柏，或是日本柳杉等樹木的薄板，將其彎曲製作成木製箱、便當盒的工藝），還有金繕工藝（使用數種漆，或將漆與金粉、銀粉或白金粉混合以修補破損陶器的日本技藝）等，這些充滿職人技術的工藝品被認為是價值非凡的藝術品，而且還有低調奢華的美學為基礎。比起表面看起來奢侈虛華的商品來說，「完成度高」或是「使用起來非常地方便」的物品，是日本人更為重視的要素。

比方說，在京都有一家名為開化堂的茶筒製造名店。我家也有開化堂的茶筒，在打開茶筒蓋子的瞬間，會發出咻啵的聲音。我想，是因為茶筒的蓋子與茶筒身的尺寸製作得剛剛好，且完全密封的狀態，才能夠發出那樣子的聲音吧。那樣子的物品，才能真正讓人感覺到「又美又時尚」。對日本人來說，那才是真正的奢侈品。而服裝也是相同的道理，對於以此種審美觀一路生活過來的日本人來說，與所謂的歐洲風奢侈品概念，應該是不合拍的吧。

奢侈品品牌，原本就是為歐洲的上流社會所打造的物品。從王公貴族騎乘馬匹時、旅行時所使用的用品而衍生出的物品。因此，那些奢侈品就附帶著階級社會的意義。然而，在日本的職人世界中，所製造出的東西就僅僅是產品。當然，價格昂貴的東西並非人人都買得起，不過購買產品時，階級是派不上用場的。

除此之外，歐洲的時尚秀也是大型的人際交流場合。人們會在時尚秀上互相展現彼此的服裝，然後直接穿著華服去共進晚餐或是參加聚會。即使該現象能夠於社會上展現充分的效果，也能夠使得金錢在那邊有所流通，但那種習慣並無法滲透入日本的社會之中。原因在於，時尚社交對日本人來說效益是非常薄弱的。在時尚秀結束之後，一起邀約去餐會當然是一件令人感到開心的事，但比起社交性質的邀約，由衷地說：「有一家店的東西很好吃，我們一起去吧。」這才更貼近日本人的心意吧⋯

快時尚無法攻占的國家

在日本，有一些國家的快時尚品牌已然悄悄撤退。「已經撤退」的快時尚品牌就是 H&M，以及二〇一九年十月從日本撤退的 FOREVER 21 等。ZARA 相對而言是價格稍微昂貴、服裝材料也多多少少有所要求的品牌，比起上述快時尚品牌，是不同層級的商品。而 UNIQLO 也與 ZARA 相似，並非快時尚。UNIQLO 也宣稱，自家並非快時尚品牌，這點我也認同。該品牌主要是以低價的方式銷售 CP 值相當高的商品；無印良品也是位於相似的區間帶。

「在日本，即使東西便宜，卻還是會掀起熱潮。」這個最新的消費社會研究讓我大感興趣，算是一個相當有趣的主題。以前我曾經研究過 7-Eleven 旗下的原創商品 7premium 品牌。該品牌會依據地區性的不同，推出不同內容的便當，甚至平價拉麵也有各式各樣的種類，包含像是知名料理研究家所監製開發的食品，另外也會有高人氣店家所監製開發的拉麵等。在該價格帶內，能做到高質量的細膩度、以及多種口味的創意料理。對比 UNIQLO，一樣是平價消費，但也是對品質有所堅持的公司。他們能將便利商店平價拉麵的精神，用於服裝的製造銷售上。這就是我認為 UNIQLO 並不屬於快時尚的原因。

另外，由於日本二手衣店的商品很有趣，消費者購買快時尚商品的錢，若用在二手衣店往往能夠買到更好的東西。比如說，剛開始學習打扮的十幾歲少年少女，他們會去二手衣店搜尋及學習，而不會一開始就栽進百貨公司、時尚店家大樓，或是選品店。等他們越來越喜歡打扮自己，並且在衣物搭配上也進步了之後，才會開始進入選品店採購，或是偶爾到品牌店家購買部份服裝商品。這就是日本人的學習方式。

在日本，人們對於衣服的穿著及購買懷抱著憧憬，並且跟個人的人格特質有所關聯。日本人對待衣服就像對待朋友一樣，「從此以後我要跟這位朋友相處很久」，或是「我要將這位朋友，介紹給那些老朋友們」等，存在著這樣子的與服裝共存的方式。就這樣的國家氛圍來說，我認為快時尚是無法滲透的。

另一方面，海外的狀況是如何呢？有一部英國的紀錄片，名為「快速時尚～平價時尚的真相」（原片名：Alex James Slowing Down FAST FASHION），這是高人氣英式搖滾天團「Blur」的貝斯手艾力克斯詹姆斯（Alex James）以製作人的身分反思「快時尚究竟能否減緩腳步？」所拍攝而成的影片，看了這部片後，則能得知是什麼樣的族群會去買快時尚的商品。會去購買快時尚商品的人，也就是為了要消除自己的欲求不滿。「啊，我花錢了！我買東西了！買了這麼多才花了一百美元而已！花錢真是心情很好」…諸如此類的舒壓行為。在日本以外的國家，這種人特別多。而日本在一九七〇年代及八〇年代時，這樣的消費者也很多。至今，還有很多購物狂，以及許多認為「購買商品的行為」對自己來說有重大意義的人存在，快時尚就是依憑著這些人的習性而生。

然而在日本，也有不少人無法被單純的購買行為所滿足。有些人的目的並不單純是購買而已，更大的重點是與銷售人員進行交流，以及買了服裝之後，充分地運用搭配，讓自己變得開心。在此之中，與服裝的共存則存在著「與朋友往來」的情緒及幸福感。雖然這樣的言論有些失禮，但在日本，快時尚很難創造佳績，對一般民眾來說，其優勢也是非常薄弱。因為快時尚的商品不僅不要求品質，也沒有銷售人員進行銷售。更為可惜的是，充滿化學纖維的商品，以及「膩了的話就可以丟了」的構想，對於地球環境本身也沒有好處，因此也很難為購買的人帶來幸福感。

快時尚的創立構想起點為「以便宜的價格提供最流行的商品，膩了的話隨時都可以丟掉」。所以，從本書開頭一路談到這裡的「流行趨勢」，如今已然失去了存在感，重要性也衰退不少。另外，對於「便宜買、隨便丟」的速食文化，人們也開始進行反思，如果將這一點視為探究消費者心理的重點要素的話，那麼，到底什麼樣的業界型態能夠提供「美」及「價值」呢？除了「便宜」之外還剩下什麼呢？時尚的根基受到動搖這一點，怎麼想都讓人感到有些哀傷。

此外，看著現在日本的年輕人們的消費及生活習慣後，讓人覺得還有些希望的部分是「對傳統藝匠、職人的尊敬」，雖然並不是所有人都有這份心意，朝著反方向思考的人也所在多有，但多少還是能夠看到一些年輕人試著想與料理專家、各界高手，或復甦傳統工藝的職人們產生連結。

在 AI 快速發展的時代，人們所追求的也許不是不明就理的「頭腦」，而是實實在在的「雙手」吧。「資本主義社會之中，大量生產及大量消費是根基與目的」、「景氣必須要好轉才行」、「在充滿競爭的社會當中，只有具『實力』的人才能夠生存下去」、「受大眾歡迎的物品，才是好商品」、「擁有數據標準化的東西，才能夠得到信賴」…諸如此類的概念，雖然支撐著二十世紀後半至二十一世紀的初期，但這些思維卻也將人類推入矛盾陷阱之中，甚至成為痛苦的根源。

所以，我想真摯的「職人」思維，也就是站在人類發展的角度所擬定的企業策略或市場溝通方向，並帶入人際關係，甚至是整體社會國家之中，讓彼此「尊重」成為支撐關係的主軸，這才是必須要做的事。今後我也會跟身旁的夥伴持續努力，深入思考時尚產業能夠為二十一世紀之後的人類帶來什麼不一樣的未來。

Notes

H&M
Hennes&MauritzAB 縮寫為 H&M，由埃林・佩爾森（Erling Persson）於一九四七年於瑞典韋斯特羅斯成立。是瑞典的跨國時裝公司，總部位於斯德哥爾摩，在亞洲、歐洲和美國等很多個全球均設有分店，產品以快時尚、平價聞名，成功的秘訣除了行銷策略和準確的市場定位，更離不開與全球頂尖設計師們的聯名商品。

FOREVER 21
一九八四年於加利福尼亞州洛杉磯，由美國韓裔的張東文和張金淑所創立，全盛時期全球擁有八百家門市，產品以快時尚、平價聞名，二〇一九年由於擴張太快、租金上漲、電商崛起等各種因素，營收開始大幅下滑，如今已瀕臨破產。

ZARA
一九七五年由阿曼西奧・奧爾特加（Amancio Ortega Gaona）在西班牙西北部開設一個叫 ZARA 的小服裝店開始，ZARA 品牌的成功歸功於它的時尚概念「快時尚」（FAST FASHION），並以時尚、便宜、快速的三大特色主攻大多數消費者。一九八五年成立 INDITEX 集團為母公司，旗下擁有 ZARA、Massimo Dutti 和 Pull&Bear 等品牌。ZARA 是集團旗下最暢銷的品牌，並佔營業額的七成，INDITEX 目前已是世界最大的服裝零售集團。

Chapter 05

Mission →
下一個未來趨勢

將馬賽族的串珠商品化

在本書中我一直提到「時尚即是文化的象徵」。那是豐富心靈、賜與人們自信及生存喜悅的來源，同時也是讓世界變得更加美好的事物。在服裝背後所蘊含的「創造力」，讓人類能夠持續進化。有時候，時尚品牌會像玩「猜謎遊戲」一般，不斷丟出問題給消費者們，例如 COMME des GARÇONS；有時候則會讓人注意到隨著年齡增長所帶來的美感，例如 Maison Margiela；這些品牌都賦予時尚更為深刻的意涵，並且也讓人不會「隨意消費」。

此外，長時間累積而來的裁縫技術，使得民族服裝也同樣具有跨越時代與地域的魅力，歷久彌新，讓人們可以透過服裝認識一個民族的文化及價值。

對我來說，非洲就是我非常感興趣但卻還未完全廣泛涉足的一片土地。雖然「非洲」兩個字說起來簡簡單單，但其中卻包含五十四個國家，以及三千多個不同的民族，其中，肯亞及西非地區豐富的民族服飾、音樂及文化，全都深深地吸引著我。八〇年代，巴黎的街頭開始出現穿著非洲民族服飾的女性，甚至每每在倫敦，往非洲印花布料店內窺探時，不知為何內心總是感到波濤洶湧。還有，每當我聽到奈及利亞的音樂時，血液中的腎上腺素都會莫名高漲。總覺得「好懷念啊」，感覺自己不知從何時開始，就已經認識了這個世界一般…儘管只是「不明所以」的模糊感受，卻有種「絕對如此」的感動。

UA 自二〇一三年開始與聯合國的 EFI 攜手合作推出聯名商品，將源自於非洲的手工藝製品，轉化為極富魅力的原創商品。EFI 為道德時尚組織（Ethical Fashion Initiative）的縮寫，而所謂的道德（Ethical）則意味著「為了社會環境的永續著想，每個人都應本著良心去從事生產及消費」。

EFI 為聯合國的國際貿易中心（ITC）針對脫貧、支援弱勢族群經濟獨立而開發的專案。在世界上的貧困地區，與當地的人們共同製造商品，並且創造穩定收入及就業的機會，一旦成功，就交由當地人自行營運，同時後續也能將經驗運用在其他具有相同情況的區域。這個企劃也能成為防止先進國家對其進行資源掠奪的一個防波堤。二〇一三年，UA 正式成為 EFI 的合作夥伴，而薇薇安・魏斯伍德（Vivienne Westwood）及史黛拉・麥卡尼（Stella McCartney）等品牌，也早已在當地開始生產商品。

當時，UA 在新聞工作者的分享下得知了這個專案，我立刻表示很有興趣，因此在收到「是否要加入」的相關詢問時，便馬上與企業總部進行討論，並做出投入參與的決定。我們決定參加的理由，除了希望為人類帶來更多貢獻以外，認為透過在非洲進行手工藝工作的過程，應該能夠創造出更棒的商品，這一點對我們來說深具吸引力。EFI 強調，「我們所做的是份內工作，而非慈善」。就這樣，我在二〇一三年七月得以初次造訪東非的肯亞，並在同年九月飛到位於撒哈拉沙漠南方的國家——西非的布吉納法索。

抵達肯亞後，在 EFI 的工作人員的帶領下，我陸續前往製作現場及各地的組織進行研究。肯亞首都奈羅比郊外的貧民窟科羅戈喬（Korogocho），緊鄰著垃圾山，當地有六成居民維持生計的方式，是在垃圾山撿拾能夠回收再利用的物品。即使那樣的生活模式非常困難且極度危險，但卻也沒有其他能帶來收入的管道了。至於日常用電，居民大多是偷偷自電線桿接電來用。儘管生活困苦，但從他們利用撿拾而來的物品重新製作的商品來看，真的可以充分感受到他們獨特的創造力及美感。就算奈羅比的貧民窟看起來是一片「渾沌」（Chaos）的狀態，然而對我來說，那種感覺是相當正面的，雖然稱不上舒服自在，不過當地居民卻展示出「我們活著」的豐沛能量。幾年後我造訪了奈及利亞的拉哥斯，也同樣感受到那股渾沌的美感。

非洲最大的貧民窟「基貝拉」（Kibera）也位於奈羅比，那邊同樣也有 EFI 協助成立的組織。另外，位於奈羅比北方的吉爾吉爾（Gilgil），也設有扶養孤兒的組織。在那些組織裡，主要進行串珠工藝、刺繡、裁縫及印刷等工作的都是女性。這些工作機會讓居民的生活能夠穩定下來，並且獲得每日所需的食物，甚至讓孩子能夠有接受教育的機會。在當地，我強烈感受到「接受教育」的重要性。孩子們透過讀書及習字，來學習世界的知識，並賦予他們夢想及希望，進而連結至地區的和平及安定。

看到我們走在貧民窟，孩子們紛紛露出笑容向我們問候：「How are you？」他們的笑容如此溫暖、語氣如此開朗，而且完全都沒有乞討金錢或物品的行為。即使生活如此貧瘠，但居民們卻依舊能夠保持樂觀態度。我在奈羅比的那段時間，完全沒有感受到任何壓力及威脅，也不覺得有什麼太大的困難。

在那之後，我與馬賽族的婦女們見了面，當下我終於了解到自己被深深吸引的原因。她們真的是天生的造型師，只是單純將手邊的服裝及飾品快速地穿戴在身上而已，就能夠看到她們的穿搭變得無與倫比。她們用來搭配的服裝，除了有印著 HONDA 等品牌 Logo 的印花 T-Shirt（由慈善團體捐贈）之外，還有非洲式印花沙龍（Sarong，民族服飾），以及日常常備的飾品，光是這些物品的搭配及顏色混搭出來的獨創性，就足以展現出最高等級的美感了。在那當下，我深刻地感受到，無論走到世界哪裡角落，都有時尚存在，並且發著光芒照耀著人們，是人類生存的「精神糧食」。我當時抱持著瞧不起非洲的想法，攜帶著即使弄髒了也沒關係的衣服來到此地。對此，我也深切地做了反省。

Notes

史黛拉・麥卡尼（Stella McCartney）
一九七一年生於英國，父親是鼎鼎大名披頭四樂團靈魂人物保羅・麥卡尼（Paul McCartney），一九九七年被延攬至法國時尚品牌 Chloé 擔任設計師，她年輕化的設計擺脫品牌老氣形象，讓品牌重新迎回市場一戰成名，二〇〇一年她加入 GUCCI 集團並成立同名品牌 STELLA McCARTNEY 至今。

創造新的美學意識及價值觀

二〇一三年九月時所造訪的布吉納法索，是一個盛產棉花的國家，人民具有紡織棉線及製作棉織物的豐富經驗，紡織的歷史也相當悠久。當時，我們與 EFI 工作人員一起拜訪了幾個在地居民手工生產布料的地方，從首都瓦加杜古開始，一直到首都圈以外的區域，我們遊走在各式各樣的組織之中，調查並蒐集各具特色的棉布。居民紡織的工具是飛梭式（Shuttle）手工織布機，一邊腳踩踏板、一邊用木製的梭子在縱線間織上橫線。這些村落本來就沒有電力供應，在沒有電也沒有火的情況下，使用手工紡織也是理所當然的事情。這是符合當地生態系統的生產模式。日落之後，一天的工作也就結束了，在這些村落裡，負責紡織的都是女性，只見這些女性年紀輕輕就為人母，揹著孩子在織布機前埋頭工作，雖然現場有遮熱的屋簷，但白天的溫度還是高到嚇人，幾乎逼近 50 度，不過可喜的是，這些工作場所都沒有牆壁，所以非常通風，有風吹拂感覺就舒服許多。

在布吉納法索，人們會聚集在大樹底下工作或用餐，由此可見大樹對當地居民的生活來說有多麼重要。我發現到好多小顆的樹木被綁上了金屬的網子，一問之下才知道原來是要防止小樹被動物或強風襲擊。對我們來說，樹木極其平常，但對他們的生活來說卻非常重要。無論是染色後的棉線要曬乾，或是紡織成品要擺出來販售，都是在樹蔭下進行。雖然樹木只是自然地生長，但卻肩負著文化蓄積的重大責任。我們可以說，樹木是人們交流的中心，象徵著人類社會的真實樣貌。我非常喜歡那樣的畫面，事實上日本的鄉下村落也經常可以見到。

除此之外，我們也造訪了典型的農家，看到了棉花與稻米同時栽種的農田，而且農民們還養了牛或山羊。同樣地，這些農家也是在日落之後結束一天的工作，生活非常單純簡樸。在當地也看到了兼負著妻子與兩個小孩生活的年輕父親，長得十分地強壯、帥氣。

布吉納法索的馬路幾乎都是尚未鋪上柏油的紅土狀態，只要一下雨，道路就會變成河流，而運送所有物品的差事，主要是由驢子來做。EFI的工作人員也提到：「在這裡，驢子就有如生命線一般重要。」即使在首都，也可以看到不少驢子拉貨車的情景。另外，對農家而言，最重要的財產就是山羊。也就是說，即使是在類似像東京霞關地方的大馬路，都還是可以看到驢子貨車及山羊群隨意穿越馬路的景象，真是不可思議的體驗。

首都地區的主要交通工具為腳踏車，其次是機車。女性們很少穿著褲裝，她們將印有非洲風格圖案的布如長裙般圍起下半身，然後就直接騎上腳踏車或機車，看起來非常優雅。而且聽說西非的美女也是出了名的多，確實無論是向右看或向左看，都有許多看起來相當亮眼的女性。美麗的紡織物，就是由這些美麗的人們織出來的！

UA 原創的服飾中，也有使用她們所紡織出的漂亮條紋布，以及無印花的棉布。這些服飾商品，以及委託肯亞當地居民所作的串珠飾品、帆布包、手工編織籃等，都在二〇一四年的春天於 UA 店面陳列販售。

後來，我們將此專案品牌化，命名為「TEGE UNITED ARROWS」。TEGE 是西非的班巴拉語，意指「雙手」，而發音也能讓人聯想到日語的「手藝」，因此我們才會以這個單字作為品牌名。至於品牌的布標，也請人設計了「兩隻手握著」的手繪風格圖案。「手」與「藝」的合作事業，代表著非洲及世界各地的職人，與我們一起手牽著手，共同創造新的價值、新的提案。

對我和 UA 團隊來說，與 EFI 聯名合作的最大價值，就是將肯亞及布吉納法索的手工藝文化商品化，並推廣到全世界。這應該可以說是開創了「新的美學觀點及價值觀」。對近年來陷入瓶頸的時尚圈來說，我認為是必要的突破。

Notes

霞關
是日本東京都千代田區的地名，有多個日本中央行政機關的總部座落於此，為日本的行政中樞。

TEGE UNITED ARROWS
結合非洲文化的工藝與 UNITED ARROWS 的設計理念打造出的品牌。產品運用各種彩色面料和珠飾並由非洲工匠以手工製作而成。

商品在本國自行生產的價值

在不久之前，時尚圈的共識就是：只要有設計稿為基礎，不管產地在哪裡都無所謂，因此大家選擇產地的優先考量就是成本。然而，隨著生產委外的情況越來越多，國內的產業也就越來越空洞，幾個先進國家幾乎都有這樣的現象。

就像法國，他們很早就將高級製品的生產基地移往義大利了，而美國及英國也很難在本國生產服飾，因為沒有能夠接單的工廠，並且也沒有人想從事生產線上的工作。即使美國能夠生產牛仔褲之類的休閒服飾，但高品質服飾的量產能力也已經明顯衰退，產量無法達到足以出口的規模。英國也是如此，即便境內有高級服飾訂製店，然而中低階服飾的產出能力幾乎為零。在現代的社會之中，具有強大消費力的是中產階級，但符合中產階級消費能力的產品，先進國家之中只剩義大利、日本及葡萄牙有能力生產了。

單純就設計來講，的確是在哪裡都可以創作，不過設計師如果離實際生產的地點太遠，就很難顧及細微處的品質。在近代的製造業工廠中，大多能以先進的科學及數位化功能來進行操作。只不過，畢竟服飾有自己的生命，無論是穿起來的感覺、或是極細微處的體感，若沒有實際看到並用手觸摸確認，恐怕沒辦法呈現出最完美的品質。舉例來說，COMME des GARÇONS 所設計出來的複雜服飾，使用的版型紙樣已經超越一般既有知識，打版師必須親臨工廠，直接向現場的人員們說明，偶爾還需要實際「現場操作」剪裁或縫製，產線人員才能夠理解。

捧著食譜就能夠作出專業廚師級的味道？服飾也是如此，靠版型紙樣是不夠的。

快時尚之所以會流行，就是憑藉著能夠快速且大量地生產便宜服飾的機制，但這卻是以生產過剩為基礎的方式。這也使得快時尚除了便宜之外，沒有任何其他「賣點」。最可惜的是，快時尚盛行的結果，將「時尚的魔法」抹煞掉了。在時尚的領域裡，有些問題能夠靠科技解決，有些則沒有辦法，衣服快速生產且售價便宜，就能讓每個人都感到快樂嗎？很顯然真相並非如此。

近年來，速食料理也相當盛行，在以快速料理為主題的烹飪節目中，經常會使用日式醬油及鬆餅粉來製作料理，然而那些食材卻隱藏著過量的糖分，對身體幾乎沒有任何好處，而且做出來的料理味道都還大同小異。更有趣的是，不少人明明用了日式醬油或鬆餅粉，但卻一直努力想讓人吃不出這兩樣食材的味道，要是這樣，打從一開始就別使用不就得了？

不管怎麼說，這些在過渡期被大量使用的物品，終究無法讓人得到滿足，人們當然也不可能長期甘於生活受到這些東西的支配，畢竟快時尚或速食料理的品質都很「普通」，而人們的注意力終究是會轉移到「不普通」的事物上的。

料理的有趣之處在於，自己的技巧及味覺能夠不斷進步，而且成長的幅度是自己及他人都能清楚感受到的。也就是說，料理的技巧不會一直停留在同一個程度，就算是同一種高階的料理手法，熟練的人還是有辦法讓製作的速度更快，味道更好。

在前一章節我有提到為什麼快時尚在日本無法成功，原因就在於日本人原本就是傾向於「追求品質」、「愛好學習」、「熱愛成長」的民族。也因此，在日本的時尚領域，光靠「快速、便宜」是無法存活下來的，如果沒法穩定地提供真正的好東西，就不可能有未來可言。我們也會以此為鑑持續努力的。

美國服飾店倒閉的真正原因

接著來談美國市場，在二〇〇〇年之後，美國的時尚產業由於過度依賴市場機制及規模經濟，誤信產值的成長所代表的意義，以致於帶來失敗的結果，更重要的是，在歷經失敗挫折後，市場氛圍仍將矛頭指向其他因素，毫無自省之意，直到近幾年依舊如此。

當我到美國去參觀新銳設計師或新進品牌的展示會時，大部分都會看到類似像「我們在曼哈頓有百坪賣場」、「我們有二十間連鎖店面」等等的標語，大剌剌地將這些數據拋出來；然而關於「自家設計與其他品牌之間有什麼不同」、「優點或優勢在哪裡」等問題，卻完全沒有提及。這樣的展示會往往都會帶給我一種奇妙的緊張感。

另外，在談到「最近的銷售數字呈現下滑狀態」之類的話題時，他們就會拋出許多藉口，像是「因為大家都在網路上購買，不會到店裡來逛了」，或是「我們家的設計及價格，不適合在網路上賣，所以才會賣不出去」。像這樣對於本身應該要重視的獨創性，以及時尚設計的本質，甚至是顧客至上的精神，全都置若罔聞的品牌或從業人員相當多，商品的價值與品質會每況愈下，真的其來有自。

二〇一九年年底，我在專門報導時尚服飾產業大小事的「纖研新聞」上，看到美國西海岸的服飾店一間跟著一間倒閉的新聞，報導中還看得到空蕩蕩的店鋪。對於這樣的情況，多數人的看法是「實體店面輸給了網路銷售」、「店面租金太貴了」等等，不過我認為問題的本質並不在這些點上，相信了解美國時尚產業，知道相關脈動的業內人士，應該能夠理解我的意思。

首先第一個原因，就是服務做得太差了。美國的服飾店並沒有在實體店面中做到該有的服務內容。另外還有一個原因就是品項不佳，沒有好的商品當然也就不會有好的銷售成績。

二〇一九年，高檔百貨公司巴尼斯紐約精品（Barneys New York）宣告破產。我曾在二〇一七年的夏天造訪巴尼斯百貨，當時的我心懷滿滿期待，可惜的是，進了店內之後我完全挑不到一件好商品。在一九八〇年代，巴尼斯可是閃閃發光、異常耀眼的，那是巴尼斯的黃金時代，奢華的旗艦店壓制了其他同業，讓我既感動又尊敬，甚至以他們為自己努力的目標。

進入九〇年代之後，巴尼斯在紐約的麥迪遜大道開設了最大規模的旗艦店，並捨棄了過往的其他小店，與此同時還跟日本簽訂了商業合作……事業版圖成長得相當快。事實上，有一段時間我們的商品也曾以批發的方式到巴尼斯銷售。然而二十年之後，於原本的旗艦店所在地再次登場的巴尼斯百貨，除了「UTSUWA」這個品牌還留著之外，幾乎沒有其他世界知名的奢華品牌加入，品項沒有亮點可言。他們的做法就是將巴黎、米蘭的知名設計師請到現場來，或是邀請網紅幫忙宣傳，但架上陳列的全都是市場上常見的商品，沒有任何新意，也難以喚起消費者的購買慾望，但他們卻在這樣的情況下持續擴大規模，最終導致了自取滅亡的結果。

二〇一七年的紐約，有趣的店幾乎都集中在布魯克林，而非曼哈頓，年輕世代的新進設計師，或是默默無名的服飾廠，紛紛因為能夠提供特色鮮明的品項而獲得消費者青睞。除此之外的銷售主流，的確就是網購市場。

來到二十一世紀，美國的零售業持續在網路上尋求發展，也不知道是真的在電子商務這個區塊賺到了錢，或者是因為後知後覺所以才繼續留著。原本就是個乏善可陳的市場環境，如今全部的能量都灌注到銷售本身，時尚創意元素依舊低迷，這樣的現況不容否認。

我在八〇年代曾赴美國探訪研究，當時就去了前面提到的巴尼斯百貨，並且學到了很多寶貴經驗，特別是商品的視覺營銷規劃（VMD），更是巴尼斯的拿手好戲。所謂的 VMD 就是商品的陳列方式，這跟擺設有所不同，單純的擺設是將商品好看的一面呈現出來，但 VMD 卻還會再將系統或數據分析所得來的結果加進去。比方說連鎖店開了三間以上，就在每一家店裡使用同一個 VMD 模式，樓層間豎立顯眼的品牌象徵，或是「將目前庫存最多的商品，用最具銷售效果的方式陳列出來」等等。

在歐洲，個人經營的小型商店比較多，幾乎每間店都會將自身獨特的魅力與性格，表現在商品的陳列上，然而到了八〇年代，美國的大型量販店或連鎖店大量增加，大量生產的規模為商品的能見度帶來助益。該如何讓路過的人們對商品感到好奇？針對這個問題，他們借助科技數位工具做了完整的數據分析。總結來說，美國的銷售型態從小小的零售店轉變為 Shopping mall 或是百貨公司的形式，「交通是否便利」也成為關鍵重點。

不管怎麼說，這些觀點都是以美國的消費者還會到實體店面試穿並購買衣服為前提，對於「該做些什麼才能讓消費者在店內掏出荷包」、「跟其他企業競爭」等等的問題進行深度討論。即使到了現在，這樣的做法還是存在，但可惜的是商品的同質性已經越來越高了，而且人們的消費概念也越來越淡薄。

顧客服務做得好不好，取決於有沒有「愛」

服務品質下降的狀況在歐洲也同樣發生了。八〇年代，我們團隊在佛羅倫斯、米蘭、倫敦及巴黎等幾個大城市之間流轉時，無論走到哪裡都受到非常完善的接待，工作人員品質好、外表打理得很出色，而且服務也很到位。當時我們的想法是，日本的實體店也必須要做到這種程度才行，所以將這一套模式搬到了UA使用。可惜的是，在不知不覺之間，這些被當成範本的歐洲品牌，已經不再重視服務精神，更有甚者，這幾年歐洲的服飾店看起來都大同小異，就像切開之後看起來都一樣的金太郎飴（日本江戶時代流行起來的糖果，製作方式跟壽司類似，切開來看每一顆都長得一樣）。

不過，歐洲城市的小店目前還保有一些獨特的有趣特色，特別是在義大利。自古以來義大利就是城市國家，每個地方都保存著各自的傳統，當中有不少代代傳承的家族小店在義大利的幾個小城中持續活躍著，他們堅守著不變的品質，並且在客戶服務上做得相當仔細。比方說由家族經營的「義式餐廳」，每一家就都有自己的特色，這些店與其他餐廳的差異性，日本人應該一眼就能看出來。會有這樣的現象，應該是因為義大利的社區規模都比較小的關係吧。在小小的城市裡，一旦有不合理的銷售狀況，或是違反常規，馬上就會傳遍街頭巷尾。再者，這種代代相傳的店家，通常都是承接了祖母那一輩所留下來的手藝，這也是這些店的亮點所在。

說到底，零售業的從業人員能否做好客戶服務，我認為重點就在於自己對於工作有沒有「愛」、有沒有追求進步的精神；從業人員是認為自己只要把東西賣出去就好了，還是能夠以自己的工作為榮，並在工作中挖掘出成就感及個人的成長，這種「只要賣出去就好了」之類的負面心態，很有可能跟零售業直接用銷售獎金來刺激現場服務人員的工作意願有關。

簡單來說，業績達50萬日元的銷售人員，跟業績只有10萬日元的銷售人員比起來，給予具體的目標對後者的刺激效果比較顯著，業績 10 萬日元的銷售人員大多會願意朝著目標打拚努力。然而在現今的商場上，從業人員早已不願用心投入，徒具形式的獎勵制度，讓每個人都在「賣出去就好了」的環境下被培訓起來。

在 UA，我們的員工評比系統看重的不只是單純的銷售金額，客人的回購率、具體的反饋，甚至包含給禮物、寫感謝函等等，都會是我們考量員工表現的基準。另外，上司對下屬的評價或推薦，也會加在個人評比之中。這樣的評比模式不只有 UA 採用，許多日本的企業也都是如此。日本的零售業界特別重視銷售人員的訓練，因此各家公司在這方面都下了不少工夫，例如大型車站百貨商場 LUMINE，就會舉辦客戶服務的角色扮演大賽，並邀請所有的租戶商家派員來參加比拚，這是在國外從不曾聽到過的獎勵模式。

不論是站在買方或賣方，日本市場的成熟度都是非常高的，也正因為如此，想要在市場上存活非常不容易，每個人都拚死拚活、用盡全力。然而，還是有很多業界人士並不理解現場銷售的重點，將歐美的營銷模式拿來當範本學習的企業主也不少。

對我個人來說，目前全世界最有趣、最值得參考的零售業銷售場所，就是前面所提到的澀谷巴而可百貨（PARCO）。我認為今後的時尚產業該有的零售模式或開發模型，可以在巴而可找到答案。

另外，最近在纖研新聞的產業報導上，經常可以看到日本各地的「名店」介紹。這些店家從選品、陳列，到待客方式，每個角落都可以看得到店主的用心與品味，而且這樣的店在各個地區都有很多。

上一個世代的東京，也有很多個人經營的名店，之所以會就這樣慢慢消失，主要原因除了租金日漸上漲之外，另外一個原因，我必須很遺憾地說，就是像 UA 這樣規模較大的企業開始介入精品市場。

如果要說經營精品店的功與過，其中的「過」，我想就是讓一些在東京之類的大城發展的私營高級服飾店受到壓迫。就跟星巴克的出現導致一般喫茶店的業績衰退是一樣的道理。不過，我相信我們的發展對整體產業來說不會只有負面的影響。比方說 UA 的離職員工，或是在知名服裝店工作過的人，紛紛都移居到其他地區並就地開店；另外，也有些熱愛 UA 的客人們，自己對開一間精品店產生了憧憬，於是回到故鄉實現夢想。所以我認為，UA 的存在還是有為時尚產業撒下一些種子。

Notes

巴而可百貨（PARCO）
一九七三年開幕的「澀谷 PARCO」，想打造的不只是一般消費購物的百貨，而是要能匯集潮流的新地標。目前在日本擁有十九間百貨公司，定位以年輕消費者為主，並增設 PARCO 劇場、CLUB QUATTRO、TOKYO FM、LiveHouse 等廣播與文化娛樂事業。

對生產國來說必須存在的東西

讓我們回到製造商品的話題上，以目前的狀況來說，製造工廠大部分都轉移到發展中國家了，因此今後應該會有更多創新的東西在這些國家誕生吧。我以日本作為例子來說明，相信大家一定可以很快就能理解。

二次大戰結束後，日本人民為了求生存，所以開始粗製濫造許多便宜的商品，現代人可能很難想像，但當時「Made in Japan」可說是便宜爛貨的代名詞，因為日本製造的商品不僅品質糟糕，而且還大量輸出到海外各國。不久後，日本進入經濟起飛的六〇年代，強勁的個人消費力道帶動了繁盛的泡沫經濟；來到七〇年代，消費欲望更是無限高漲；八〇年代的消費焦點則轉移到富有創意的商品上，並願意給予較高的評價。經過這三十年的發展，日本製造的商品不論在品質上或設計上，都有長足的進步。也就是在這段期間，ISSEY MIYAKE、COMME des GARÇONS、山本耀司等設計師品牌成功竄紅。

到了九〇年代，日本製造的商品在國際市場占得一席之地，許多海外企業紛紛到日本設立據點，同時日本的本土企業也開始前往其他國家尋求發展。總而言之，成為商品製造國的流程，首先就是單方面地從國外引進商品，並且開始製造價格便宜或複製模仿的商品，等到消費能力漸漸獲得提升了，再慢慢地打造能搬上檯面的商品；接著，將這些優質商品出口到海外，最後才開始發展富有創意的獨創商品。簡單來說就是製造、模仿、技術精進、投入創作…的流程。

比方說，被稱之為世界工廠的中國大陸，就有相當多因應製造業所需的基礎建設，所以在商品製造的能量上可說是相當充沛。如今，中國的經濟起飛了，國力也相當厚實，只不過就我所知的範圍內，中國還沒有出現「時尚原創商品」的蹤跡。

我想，或許這是受到文化大革命的影響吧，畢竟如果沒有過往歷史的堆疊累積，時尚流行是沒辦法向前邁進的。中國大陸破壞了自身的文化根基，否定了先人所留下來的遺產，我認為這對一個國家的發展來說是相當危險的。當然，教育也相當重要，近年來中國設計了非常多時尚相關的學校與科系，但對於時尚的充分理解與認知，看來還是有段距離。

所謂的時尚認知，指的是對時尚設計具有基本的素養，能夠基於一般共識給出「黑色是具有質感的顏色」、「這款設計的平衡感表現並不好」等等的評論。當然有不少設計師會刻意破壞這類的時尚基礎共識，來打造更有感的創意，不過基本上時尚認知還是相當重要的。

近代的時尚認知緣起於巴黎的價值觀及審美觀，慢慢延伸到世界各地，成為普羅大眾所熟知的基本規則（但這並非絕對正確的價值觀）。第一個打破基本規則的，當屬一九八〇年代的COMME des GARÇONS，這樣的破壞性創新是從中國開始的嗎？相信沒有人會這樣想。韓國的情況也差不多，可能是被日本統治過的那段歷史依舊留有負面影響吧，韓國的時尚圈雖然興起複製模仿的風潮，然而還是看不到服裝方面有原創的時尚元素出現，不過在電影及音樂方面，韓國倒是已經建立了原創風格。日本文化的基礎也有不少觀念是從中國及韓國學來的，所以我還是很期待這兩大「前輩」在未來能有精彩表現。

非洲薩滿信仰所掀起的時尚潮流

以孕育「嶄新時尚風潮」的可能性而言，經過我的一番考察之後，近年來最有可能擔綱重任的，就是我在前面也提到過的非洲大地，以及在那片土地上生活的設計師們。我是因為喜歡非洲人的手藝，才跟他們結下了緣分。非洲當地的經濟發展急速崛起，而且有非常多來自於種族歷史及大地的恩賜，再加上非洲人的時尚意識逐漸覺醒，因此近來可以看到許多有趣的設計。

伊布拉罕・卡瑪拉（Ibrahim Kamara）是來自於非洲的時尚造型師，出生於非洲的獅子山共和國，在甘比亞長大，十六歲時移居倫敦，並進入「中央聖馬丁藝術與設計學院」就讀，聖馬丁學院隸屬於倫敦大學的一部分，是時尚藝術領域中非常重要且聞名全球的一所學校。他的作品最有趣的特色是，在設計中加入了非洲薩滿信仰元素，以及濃厚的傳統慶典感，將日常少見的風格帶入時尚圈，一而再、再而三地撼動我們的既有思維。

他曾任職於「ID」（一九八〇年創立，極具影響力的流行文化誌）及「世界報」（Le Monde，一九九四年創立的法國新聞媒體）的副刊，去年的ID夏季號最讓我感到印象深刻的就是以「最鋒利的喙」為題的時尚要事報導。

報導中，模特兒全都穿著伊夫 • 聖羅蘭（Yves Saint Laurent）的衣服，不過有幾位模特兒臉上戴著「面具」。以鳥類的頭為模板的面具，最為顯眼的就是尖銳的鳥嘴。照片拍攝地點應該是非洲的村落，畫面遠方有尚未鋪柏油的馬路，以及沒有穿鞋子的村民。模特兒身上的衣服及面具，與拍攝地點所營造出來的氛圍，讓人感到相當「違和」，乍看之下真有點震撼，不過看久了卻又漸漸覺得魅力十足。該篇報導的最後一頁出現的是模特兒穿著村落慶典的特製傳統服裝，並且舞動著身體的模樣。在那一瞬間，我感受到的是，「過往從不認為有時尚感的東西，居然開始散發出時尚光芒」。我覺得，時尚領域還有很多可能性等著我去挖掘，這也成為我日後不斷自我挑戰的動力。

二〇一三年到一五年之間，法國攝影師查爾斯 • 拉法格來到日本參加「生剝鬼節」祭典活動，拍下許多祭典上所出現的妖怪及神明照片，並集結在一起出版了「YOKAI NO SHIMA（妖怪之島）」寫真集，一推出就受到市場一致好評，這一切都還歷歷在目。雖然這本寫真集的內容偏向民俗學的範疇，但卻在時尚圈也掀起熱議。

不久之前，薩滿教還被近代社會視為禁忌，人們普遍認為裡頭充滿神祕未知的事物。先不討論那些以薩滿教為研究對象的專業人士，單就熱愛時尚、享受生活的一般城市居民來說，應該沒有人能料想到自己會被薩滿教深深吸引。不過，由於近代的時尚在經過嚴密的管理及市場化之後，已經失去了原本的精神，因此開始出現一群人對僵化的時尚提出質疑及反對，他們對於「反現代」的眾多元素都相當入迷。順帶一提，在知名時尚老牌古馳（GUCCI）的品牌重塑之路上，設計師亞歷山卓 • 米開里（Alessandro Michele）貢獻良多，而他的父親據說就對薩滿教有深入研究。

將薩滿教的元素加入時尚設計之中的人，並非只有亞歷山卓 • 米開里，但他充分運用奢華時尚原有的洗練元素，再搭配薩滿咒術的氛圍，使得他的攝影作品往往能夠翻轉人們先入為主的舊有觀念，並喚醒新的美學意識，引發人們的強烈共鳴。

接下來的時尚潮流方向，我想應該會由伊布拉罕 · 卡瑪拉出來領路吧。伊布拉罕基本上是一位造型師，本身並不會以設計師的身分設計衣服，不過非洲已經有越來越多別具特色的設計師冒出頭了。以挖掘及培育新銳設計師為主要目的的LVMH Prize，在二〇一九年就由來自非洲的青年Thebe Magugu奪下大獎，他也是第一個在 LVMH Prize 賽事上拿下新秀大賞的非洲設計師。

Notes

亞歷山卓 · 米開里（Alessandro Michele）
一九七二年生於羅馬，一九九〇年在凡迪（FENDI）擔任資深配飾設計師，二〇〇二年在古馳（GUCCI）設計部工作，二〇一一年被拔擢為古馳（GUCCI）創作總監芙莉妲．吉安尼（Frida Giannini）的副手。二〇一五年成為古馳（GUCCI）創作總監，被媒體形容是大器晚成的頂級時裝設計大師。

時尚將日本與非洲串聯在一起

我在二〇一九年曾以專案總監的身分舉辦了「FACE A-J 時尚文化交流祭」（Fashion and culture exchange. Africa-Japan）活動，主要的目的就是讓日本與非洲兩地在時尚流行及文化方面能有更深層、更積極的交流互動，並在文化及經濟層面開啟更多合作。在二〇一九年的秋季，FACE A-J 活動在東京及奈及利亞的拉哥斯同步舉辦。除了前面提到的非裔青年 Thebe Magugu 之外，還介紹了奈及利亞設計師肯尼斯 · 伊茲，以及肯亞設計師 Anyango Mpinga 等兩位新秀的服裝作品。肯尼斯 · 伊茲也曾參加 LVMH Prize 賽事，並且殺進到半決賽；Anyango Mpinga 則是在倫敦相當活躍。

這個活動之所以會誕生，主要契機是「Awa Tori」這個團體來找我討論事情。Awa Tori 是一個女性二人組團體，兩人都跟非洲有所關連，一位是喀麥隆與日本的混血兒，一位則來自奈及利亞。Awa Tori 這個名稱的含意是「我們的故事」，源自於混雜了土著方言及英文的皮欽語。她們兩人想要將非洲及日本結合起來舉辦時裝周，因此來詢問我有什麼能做的，因此我就提出了「把在非洲的日本設計師，以及在日本的非洲設計師，介紹給更多人」這樣的想法，我覺得時尚及文化的置換應該會碰撞出許多火花。

可是我們既沒有人手，也沒有資金，真的是一切從零開始。Awa Tori 的其中一人過去曾在東京時尚周幫忙，因此她邀請了當時的秀導來參與我們的 FACE A-J 活動。至於演出的模特兒們，我們則請到了金子繁孝這位老將來協助，他長期參與巴黎及東京的時尚周，經驗很豐富。至於活動的 Logo，我們委託了 UNDERCOVER 的高橋盾處理，音樂總監則邀請久保田麻琴先生擔綱。

我們就這樣從四面八方將重要的角色一個一個找齊，組成了堅強的執行團隊。下一個問題是資金。我們向經濟產業省（日本行政機關，等同於經濟部）尋求協助，也詢問 UA 能不能提供贊助，另外也向「TEGE」的合作夥伴—聯合國組織 EFI 提出請求，希望他們能給予支援，結果還真的成功了。

接著，我們遇到的問題是「非洲哪裡可以舉辦時裝周」？這時出現了一位森由美小姐，她從 UA 離職之後成為獨立的自由工作者，藉著人脈資源幫我們找來了摩洛哥籍的藝術家，另外也引進了一些合作品牌。還有一位外國籍的藝術家聽到了我們的計畫之後直言：「奈及利亞的拉哥斯有一間很棒的精品店叫 ALARA，我來介紹你們認識。」

為了要互相認識及進一步討論，我有了人生第一次的拉哥斯之旅，抵達 ALARA 之後，我真的感到驚為天人，負責人是在地出身的一位非常有福相的女性，原本她的職業是護士，因為看過世界各地的美好事物，且希望廣為傳遞非洲的文化及魅力，因此邀請知名建築師大衛・阿賈耶（David Adjaye）來幫忙，David 出身迦納，長期旅居倫敦，ALARA 的建築設計及室內裝潢，全都由他負責。至於最重要的選品，ALARA 理所當然地以非洲的本質為主要挑選對象，結果我到店裡一看，感覺真的跟其他任何國家的任何一家店都不一樣，簡直可以說是我在過去十年間所看到的最棒的一家店，而且領先第二名非常多。有機會的話，建議讀者們可以親自到場感受一下，真的能帶來許多感官及創意上的刺激。

ALARA 的品味，就像是八〇年代的巴尼斯紐約精品，或是九〇年代之後的二十年間統領精品店的巴黎花都教主柯蕾特（Colette），甚至也可比做是二〇〇四年由川久保玲主導的「Dover Street Market」，ALARA 的品項不僅有足以匹敵的國際感，而且還加入許多非洲的文化元素，整體感覺非常奇妙有趣。我已經好久沒有因為一家店而如此感動了。個性直爽的負責人很快就答應了我們的邀請，我們就在貫穿整間店的一座大樓梯上舉辦了時裝秀，在拉哥斯舉辦時裝周的計畫真的成形了。

在前往拉哥斯拜訪之前，我先去了一趟巴黎參觀「東京宮」（Palais de Tokyo，位於巴黎十六區的一座博物館）所舉辦的一場展覽，主題是介紹以另類文化為創意核心的各地新銳藝術家，以及許多與次文化有關的內容，其中就有來自拉哥斯的多棲藝術家 Kadara Yeniyashi 的作品，Kadara 年僅二十五歲，但在各方面卻都表現得非常傑出。來到日本之後，Kadara 也曾受到時尚流行雜誌「SILVER MAGAZINE」的介紹，當時他是以攝影師的身分接受採訪的，等於也讓他實現了時尚攝影師的夢想。

就這樣，在日本東京及奈及利亞的拉哥斯兩地分別舉辦時尚周的計畫成形了，總計有日本設計師三組、非洲設計師三組，以及六個新興品牌，其中也有像 Kadara 這樣的視覺藝術家（Visual Artist），這就是初步嘗試的陣容。

東京時裝秀的主角是「民謠十字軍」，他們穿著日本設計師的服裝作品登台表演，用拉丁音樂的風格演奏了會津盤梯山、炭坑節、Otemoyan（熊本縣的民謠）等歌曲，非常獨特且動聽，頗有突破近代流行音樂框架之感。這個音樂上的創意，與我們所設定的文化置換主題也非常吻合。

樂團的成員穿著 SULVAM 品牌的服飾上場表演，而拉哥斯當地的時裝秀，也以轉播的方式用這場演出的畫面及音樂當作開場。整場活動得到了非常好的反饋，我也因此大感欣慰。

FACE A-J 活動之所以能夠成功，是我們「做了大部分的人不願意做的事」，以及「不僅專注在服裝上，並且還展現文化的多樣性及深度」。二〇一六年蔻奇 (KOCHÉ) 在原宿舉辦的封街時裝秀，也是以這兩點為基礎。

Notes

Dover Street Market
二〇〇四年由川久保玲與 Adrian Joffe 共同創立的選品店，店鋪設立於英國、美國、新加坡、中國、法國、日本等精華地段，除了自家的十多個品牌外，還有上百個精選品牌如 Maison Margiela、ANN DEMEULEMEESTER、RAF SIMONS、UNDERCOVER 等，是全球潮流人士必去的朝聖地。

以創新的強度決一勝負

大約在十年前左右，應該有很多人會認為當時的巴黎時尚周已經達到了巔峰，而亞洲最具代表性的時尚周活動就在日本。日本的時尚圈有自己繽紛多彩的一面，我們都希望可以藉著自家的舞台介紹本土的設計師，況且對我來說，今後能夠孕育出嶄新元素的場域，已經不是巴黎或歐洲，而是會在非洲。

基於這樣的想法，我開始思考如何將非洲的時尚流行文化介紹給日本消費者，以及如何讓日本的文化傳到海外國家，我認為舞台或許可以設在非洲。也就是說，我們應該要先把日本的時尚文化帶往非洲，而不是一個勁兒往巴黎或倫敦跑，如此一來，在巴黎、倫敦或米蘭的時尚圈，應該都會掀起不小的反應。

要在既有的舞台決一勝負，就必須先大費周章、千里迢迢地前往舞台所在地，但由於那是別人的地盤，我們的價值觀可能難以得到認同，甚至連站上舞台都不容易，為了克服這些困境，我們總會在過程中不斷採行妥協或迴避的策略。

幸好時尚是看到第一眼的瞬間就可以感受到設計是否具備創新元素，只要使用了從未見過的色彩搭配或設計概念，就能讓人一眼看出來是新鮮的創意，而且人們的理解速度也都非常快。

FACE A-J 活動結束後不久，市場上就傳出「我們也想穿那些衣服」之類的呼聲，我想人們除了單純覺得「哇，好厲害」之外，還有什麼是引起廣大迴響的主因，既不是「流行」所帶起的風潮，也不是「這些衣服在巴黎人氣很高」或「知名人士都在穿」。把這些冠冕堂皇的因素都拿掉後，最終決定勝出的是「創新」，所以才引人注目。

就目前的市場情勢來說，想要在法國或義大利闖出名號，一定要有大企業在背後支撐，而且還得經歷一番市場操作將品牌力整個提升上來，否則根本不可能。不過很奇怪的是，我們喜歡或是覺得很美的設計作品，雖然沒有強力支持，但本身的能量卻比那些擅長使用行銷技巧的品牌還要強大。整體造型亮眼、感覺非常時髦，而且讓人感到愉悅，這些特色可以說就是時尚的原點。前面的章節我曾提到時尚的魔法，就是在說這個。

當一個稱職的「傳遞者」

對我來說，當一個稱職的傳遞者是非常重要的一件事，在經過西洋的時尚系統洗禮之後，我們的確必須要先跨越他們，才能繼續前進。不過，光靠我們的力量是不可能打破西洋時尚系統的，即使憑藉著西洋時尚系統來舉辦各項活動，恐怕也難以達成目的。因此我的想法是採用不同的價值觀及方法，但依舊還是要以「讓人們感到愉悅」為主要目標。

我本身不是設計師，即使肩負設計總監的職責，也無法真正投入創作，如果我更敢於使用英文的話，或許可以更靠近專案負責人的位置。不管怎麼說，我都很喜歡看到其他人發揮實力、散發魅力，彼此之間透過合作而產生各種令人難以預料的化學反應，更是我最期待的事情。而時尚，就是一連串的化學反應。負責採購的人遇到新銳設計師，取得優異設計的生產權後，便四處造訪工廠詢問「這個能不能做得出來？」透過這樣的流程，將彼此的實力引出來，讓前所未見的設計化為現實的產品，進而介紹給更多人知道，這就是我的工作。

我常以「傳遞者」自居，而且期待自己是一個優質的傳遞者。

以非洲來說，我希望自己不僅介紹時尚產物給大家，而是連同非洲的風土民情都可以廣為分享。事實上，非洲是頗受世界各國關注的，然而大家的目標都是非洲大地上的天然資源，在撒哈拉沙漠以南的區域，深埋著石炭、石油、黃金、白銀、鑽石以及鈾礦，世界大國或大企業用借款的方式向非洲各國示好，然後藉以奪取各項天然資源，結果完全無法解決當地人民的貧困之苦。十九世紀後半，非洲有許多國家紛紛成為西歐的殖民地，即使到了二十一世紀，在強大的資本主義運作下，非洲依舊只能臣服於新的藩屬狀態。

歷史上曾有過因為肌膚顏色的關係而產生種族歧視，進而將有色人種視為奴隸、當作商品的年代，南非的人種隔離政策宣告終結至今也不過才二十五年。我不禁要想，如果天然資源全都落在白人統掌的國家，還會發生同樣的情況嗎？鄙視其他種族或其他民族，用非人道的方式開發及榨取他國資源，這樣的事情還會發生嗎？儘管現今多元共存的概念已經相當普遍，然而對於人種及性別的偏見，至今依舊影響著世界各國，只能說是剪不斷、理還亂。

每當我提到自己每年都要去非洲好幾趟，聽到的朋友大多會問「很遠吧？」「那邊一定很熱吧！」「不會危險嗎？」「去那邊都吃些什麼啊？」之類的問題。說遠當然是很遠，從東京到奈及利亞得要搭十六至十八個小時的飛機，不過從歐洲過去的話只需要六小時。

奈及利亞的首都拉哥斯遠比大家想像得還要繁榮，幾乎可以說是像泰國的曼谷一樣，高樓大廈林立、美味的餐廳隨處可見，還有隱身公寓之中的小型美術館，以結合咖啡廳的形式對外營運，讓人聯想到中目黑一帶的光景。至於危不危險，倒是不能說不會發生危險的事情，不過這一點走到世界各地應該都一樣吧。然後是天氣，要說熱不熱，我們待在那邊的時候氣溫大約是三十度，早晚涼爽的時候則是二十三度左右。相較之下，七月的東京還比較熱呢。

過去我也曾造訪肯亞及衣索比亞，兩國均位處高地，所以即使到了夏天氣候也相當涼爽宜人。衣索比亞境內，無論男女穿著打扮都非常光鮮亮眼，最適合拍攝人物街景，而且食物也很好吃。衣索比亞的鄰國厄利垂亞，則宛如時間靜止的義大利，不但可以用義大利文溝通，而且自己一個人走在街道上也很安全。以上我所描述的所有事情，只要到了現場就一定能體會得到，可惜在造訪之前，大部分的人都已經有了先入為主的負面印象。

從各個角度來看，日本人對於非洲都充滿了刻板偏見，所以我才會把「介紹不一樣的非洲給更多人認識」視為自己的責任，而且我認為，只要多多介紹非洲設計師所設計的衣服，或是日本人從沒見過的非洲特色物品，應該就能扭轉非洲的形象。最終，這些努力如果可以帶動非洲當地的經濟發展，或許就能連帶解決貧困及階級落差的問題，進而在伊斯蘭教的激進分子擴張勢力的時候，成為一道防波堤。

「遠處的和平」就等於是我們的和平，這就是我的想法。既不是高尚的理想，也絕非無私的善行，我考量的只是打造「健全商業環境」所需要的現實條件。

以愛與和平為出發點

我心中常會有「希望這個世界因為我的存在而變得更好」的想法。現在回想起來，從很小的時候開始，我就會有類似的想法，記得當時是看到聖誕節的蛋糕上擺有一個惡魔的裝飾品，我的直覺反應是「不要這個蛋糕」，然而下一秒立刻就想到「還有很多孩子連這個蛋糕都無法擁有」，因此瞬間感受到自己被父母親及周遭的大人寵愛著，但同一時間也有種莫名的罪惡感油然而生。我覺得這裡頭帶有某種「啟示」，從那一天起，我就認為世間的不公平或不平等，都與我有關。

我在一九六〇年代度過了國、高中，當時的日本社會迎來了巨大的變革，一九六六年披頭四來到日本表演；一九六八年巴黎發生了五月革命；一九六九年的東大紛爭事件，我也從電視上接收到了相關訊息，當時會覺得，原來自己身邊的人也會跟上新聞的大事有所牽扯。從文化層面來看，許多文藝作品也反映了那個年代的現況，比方說經典電影「逍遙騎士」（Easy Rider），就是在一九六九年上映的。

另外，知名的胡士托音樂節也在同一時間於美國的紐約州盛大舉辦，這個傳說中聚集了超過四十萬觀光客的慶典，是直到如今仍在搖滾史上留有盛名的活動。

身為搖滾少年，而且喜歡嬉皮裝扮的我，對於無法親臨那場活動實在感到非常遺憾。

當時全世界都充滿愛與和平（Love & Peace）的標語，而且越南戰爭正打得如火如荼，給了青年們一個具體的反對目標，所有崇尚愛與和平的青年全都認為自己「必須要為這個地球做點什麼」。我在那時候也投入了廢止高中制服的運動，也參與了反對越南戰爭的遊行，還遭機動隊員痛打了一頓。結果，對於「建構在暴力基礎的革命行動」感到無法適應的我，最終還是離政治圈越來越遠。

那時候所發生的事情我都還歷歷在目，比方說我到赤坂見附的清水谷公園參加反戰集會，就看到許多跟我一樣的高中生到場，讓我非常感動。而且，最讓我感到印象深刻的事情是每個來參加反戰集會的人都穿得很時尚。

普拉達創辦人的孫女繆西亞・普拉達（Miuccia Prada）是義大利的共產黨員，她最為廣知的事件就是穿著伊夫・聖羅蘭（Yves Saint Laurent）的衣服參加抗議活動，不過在六九年的時候，參加反體制運動的東京高中生們，都留著稀奇古怪的髮型，穿著窄到不行的牛仔褲，腳上則踩著運動鞋，看起來每個人都又帥又美。對那個年代的高中生來說，參加抗議活動除了表達想法之外，同時也把集會當成「可以利用穿搭來表現自我」的舞台。

在經歷過那個思想大爆發的年代之後，我居然只記得這些枝微末節的小事，可見我就是個軟弱的高中生，無緣成為思想的巨人。

不過，當時的愛與和平（Love & Peace）後來還是成為我人生的中心主旨，我經常會思考如何能讓這個社會稍微變得好一些，在各個領域活躍的時候，我還是會關注自己的所作所為是否能為社會帶來正面的影響，以及能否改變社會。

我並不認為自己的工作內容可以直接促成社會改革，但還是會想要認真地對社會發出正向的訊息，讓社會多少能增加一點積極的氛圍。

我相信時尚不僅是單純在變化之中享受快感的文化，更具有改變世界的能量。比方說在打造「TEGE」品牌的時候，我們將肯亞的馬賽族傳統串珠，以及布吉納法索的手織技術帶到下一個世代，一點一點地透過聘僱的方式在當地持續產出，藉以培育傳統工藝的人才。另外，在 FACE A-J 活動上介紹過的 Thebe Magugu，會將商品生產過程告知消費者，並把該給的金額加到售價上；肯尼斯・伊茲（Kenneth Ize）則是在作品中採用了母國（奈及利亞）的傳統手織技術。這些都是將「可回溯性」及「可持續性」等特色具現化的最佳範例。

非洲原本就充滿精通色彩學，且懂得如何使用飾品妝點自己的時尚達人，像是 NHK 就曾拍過一部紀錄片，完整呈現「薩普洱」（Sapeurs，剛果來的優雅紳士）的型男哲學，他們就是將穿著打扮視為日常生活的必須品，也可以稱之為「時尚之道」。把自己打扮好，不僅是對於對方的一種尊重，更可以將自身的價值觀透過穿搭傳給下一代，同時避免不必要的爭端這就是剛果型男們的主張。

我想，在這個世界上已經沒有「不具穿搭概念」的人了吧。透過選擇服裝，人們可以從中挖掘真實的自我，從最困難的技術所製造出來的衣服，一直到單純的纏腰布，所有行為都在展現「時尚」，而這應該也算是人之所以為人的理由吧。可惜的是，過度擴張的產業及奢侈浪費的消費行為，讓「時尚之魂」逐漸消散，因此，打破目前的現況也是 FACE A-J 活動的主要目標之一。

Notes

繆西亞・普拉達（Miuccia Prada）
一九四九年生於義大利米蘭，本來沒打算從事時尚產業，她是政治學博士、女權運動家以及曾是位共產黨黨員，二十八歲從母親手中接手祖父馬里奧・普拉達（Mario Prada）的公司，她以簡潔、冷靜的風格領導設計並掀起一股 PRADA 新風潮，品牌成功後更創立年輕化副牌 MIU MIU，至今 PRADA 已成為奢侈品集團，旗下擁有 JIL SANDER、HELMUT LANG、Church's 等多個品牌。

從小小的成功體驗開始累積

我曾看過一本教導人們如何過得更快樂的書，裡頭提到一個觀念——「捨棄思考」。作者的意思是希望大家越少動腦筋越好，想太多往往都不是好事，的確，有時候我也會覺得自己總是「想太多」。不過，最近我對這個觀念有點質疑。我的想法是，如果想太多是生活常態的話，那就應該不能稱之為「想太多」了吧？那個誤以為想太多的自己，其實就是自己最真實的樣子，所以「不要想太多」這個想法可以輕鬆放下了。對於那些會讓自己不快樂的事情，我認為都應該要放下，只要思考如何讓自己過得更開心就好。

經營服飾產業是沒有終點的，每當完成一個計畫，隨後就要緊接著籌畫下一季的主題或目標，而且每次的執行狀況都充滿層層關卡，比方說賣得不好，就有庫存過剩的問題，不管怎麼樣都一定會遇到困難。舉辦FACE A-J活動就是如此，過程真的萬分艱辛，我都不免懷疑自己為什麼要加入這麼麻煩的專案之中，需要溝通討論的事項真的太多太多，光是非洲的三位設計師，就夠讓人頭大了。安揚戈・姆平加（Anyango Mpinga）的簽證辦不下來、底比・馬古古（Thebe Magugu）的簽證雖然順利完成，但行前卻長了水痘，所以沒辦法來日本，結果到最後實際來到日本參加活動的僅有肯尼斯・伊茲（Kenneth Ize）一人。

即使如此，我們還是執意要辦，反正原本的計畫行不通的話，還有planB及planC可以派上用場。FACE A-J就在我們的堅持底下一點一滴成形的。辦完之後，不僅在東京及非洲都大獲好評，而且對時尚業界內外都帶來深刻影響，讓我們覺得一切辛苦都值得了。

所以我認為，即使是辛苦的難關，一路挺進的過程中還是會衍生出小小的樂趣來，而且說不定還能從中獲得新的發現、新的學習。這些小小的成功體驗，支撐著我的人生，比方說在日常生活之中，我對整理東西就相當不在行，但靠著「當天要出版的雜誌就當天完成」、「洗好且曬乾的衣服要趕緊摺起來」之類的瑣碎小事一件一件慢慢累積，到後來我就變得喜歡整理了。應該說，無論任何事情，只要一經拖延，就會將其中學習的樂趣抹煞掉，如果能有這份自覺，就可以把日子過得很自在快活了。

人際關係的煩惱也大同小異，不逃避、不躲藏，直接坦然地面對問題的最深處，往往就是最好的解決方法，這也是我從自己的人生經驗中學到的。

我之所以會有這樣的思維及態度，與其說像斯多葛主義之類的，倒不如說是因為「沒有自信」，所以我並不會去訂定多大的目標，反而從一個一個小目標慢慢做起，每天想的都是「這件事我應該可以做得好吧？」就這樣不斷重複做下去。我覺得沒必要硬是挑那些自己做不到的大目標，結果搞得挫折感滿檔，換個角度想，持續累積自己能做到的小事，每次達成目標，就好好地稱讚自己一下。

當這些小小的成就感慢慢累積起來之後，當初覺得大到不可能實現的目標，也會變得越來越接近，帶著美好的願景繼續往下走，回過頭來才發現自己已經變得有自信了。看來，就算我並不怎麼喜歡努力，還是可以愉快地讓自己進步。

除此之外，「翻轉思維」的方法也對我幫助很大。表面上看起來非常困難的事情，只要用翻轉的角度去審視，就會產生不同的想法，並且進一步衍生出planB、planC等等的解決方案。不管有多少問題，都可以用「翻轉思維」來解決或優化。

我每天都會累積小小的成就感，也會從中學習到寶貴經驗，這就是我的秘訣。

就是因為能夠保持彈性，才能不改初衷

在這個世界上，沒有人可以保持孤立，與他人無涉，不管是工作上，或是私生活領域，都是如此。有意義的人際往來，可以帶動自己成長進步，但若是沒有意義的人際關係的話……

史蒂芬・瓊斯（Stephen Jones）是時尚業界知名的女帽設計師，在過去的四十年間，他與川久保玲、約翰・加利亞諾（John Galliano）、沃爾特・範・貝倫登克（Walter Van Beirendonck）、薇薇安・魏斯伍德（Vivienne Westwood）等知名設計師或大品牌保持著彼此競爭但卻也互相合作的關係，並且經常一起推出創新的設計，時尚且可愛的作品不勝枚舉，就連已故的黛安娜王妃都非常喜歡他設計的帽子。

為什麼史蒂芬・瓊斯（Stephen Jones）可以跟這麼多位風格迴異的設計師合作得如此順利呢？我相信在此之中一定有什麼成功的訣竅。過去他曾在安特衛普的美術館舉辦過品牌創立三十周年的紀念展覽會，我跟美術館館長特意一起分析討論過史蒂芬的成功之道。

一、態度永遠不變。無論是新銳設計師、知名的大人物，或是很難相處的對象、演出費很貴或很便宜等情況，他都是用最真實的自己來面對。
二、不會固執己見，真的會站在對方的角度思考。
三、對於美的追求，絕不會有所懈怠。
四、從不會忘記大膽挑戰的精神。
五、非常重視幽默感。
六、一定會努力追求雙贏的加乘結果。

這就是史蒂芬・瓊斯（Stephen Jones）的勝利方程式，也可以說是他投入創作的初衷。美術館館長也說：「為什麼他如此多才多藝？而且靈感似乎永遠都

不會枯竭？」他是跟史蒂芬一起準備這場展覽的，所以能夠強烈感受到我前面所提到的「永遠不變的態度」。

「態度及初衷是永遠不會變的」，這與單純的固執有很大的不同。不就是因為抱持著無限的彈性與靈活度，才有辦法做到「永不改變」的核心嗎？這就是容量無限大的概念。我認為他的成功關鍵，等於就是擁有「幸福人生」的秘訣。如果可以活得像他一樣，一定會很幸福的。

Notes

史蒂芬・瓊斯（Stephen Jones）
一九五七年出生於英國，是英國知名製帽商，他設計的帽子無論造型還是材質都前衛大膽，他的作品常穿梭在各大品牌時裝秀，巨星瑪丹娜（Madonna）、凱莉米諾（Kylie Minogue）等都是他的客戶，也被媒體譽為貴族名流最愛的帽子設計大師。

服飾業者與社會之間的連動關係

我本身也是「The Tweed Run Tokyo」（東京紳士騎行）的執行團隊負責人，雖然這項工作跟 UA 沒有什麼關聯。二〇一一年，東日本大地震引發福島核災，全世界的人們都開始重新思考能源問題，並衍生出「最適合在城市裡移動的交通工具就是自行車」的議題聲浪，例如在荷蘭及德國的幾座大城，騎自行車移動早就是日常光景。

我很喜歡騎自行車，也深深覺得如果自行車能在日本社會更為普及就太好了，不過說實在的，東京這座大城裡，自行車卻沒有那麼好，因為很多人在騎的時候都不遵守交通規則，對計程車司機及一般私家車的駕駛人帶來莫大困擾。
騎自行車的人，要不就是喜歡騎非常高級的比賽用車去參加賽事活動，要不就是喜歡最一般的淑女型自行車，後來我才知道，原來還有另外一個選項，那就是紳士騎行。參與紳士騎行活動的人，全都會穿上華麗的服裝，然後開心地在大街上騎自行車遊行。為了讓這項活動也能在東京舉行，我們遠赴英國進行溝通討論，同時按照規定付了授權費用。

就這樣，「The Tweed Run Tokyo」（東京紳士騎行）在二〇一一年的秋天登場了。活動有三大訴求，第一是希望所有人在騎自行車的時候，一定要遵守交通法規；第二是打造一個讓人們可以穿著華麗衣服騎自行車的場所。UA 雖然是銷售服裝的店家，但卻沒有辦法靠一己之力營造出一個讓人可以盛裝登場的場所。至於第三點，就是讓人用不同的角度欣賞東京的街道，畢竟東京有太多獨具特色的角落。

對活動訴求最為贊同的地區之一，就是尾張名古屋的尾州地方，這裡是日本粗花呢（Tweed）紳士服的產地之一，從第二年開始，尾州地方也獨立建置一個單位自行舉辦尾州紳士騎行活動。由於該區就是服裝產地，所以能夠讓參與活動的人順便進行商業觀摩，騎著自行車到紡織粗花呢的工廠參觀，或是拜訪面料生成的產出現場等等。二〇一九年，紳士騎行活動又多了幾個可以參觀的點，像是延伸到岐阜縣的羽島，參觀刀具鍛造及榻榻米製作達人的工作現場，還有日本酒釀造廠等，這類的商業觀摩真的都非常有趣。

作為服裝的供應商，我一直在思考如何能跟社會整體產生更多連結，如何能在社會中創造更多有趣的事物與人們共享。打造新的服裝設計方向是我的本職工作，甚至可以說是我的天賦才能，這項工作對我來說是相當有趣的，但為了不讓我的想法淪為空中樓閣，就必須與這個社會產生更多關聯性才行，我認為這是最重要的關鍵。如果光是自顧自地發揮創意、天馬行空，卻沒有將重點放在與社會的連結上，那麼再多的創作也都只是在畫大餅。

我到現在都還會陪著年輕的採購負責人一起去選品，遇到需要簽約或其他交涉事項需要處理，也會把對方約到我們的店面洽談，因此常有人會跟我說：「你很喜歡待在銷售現場。」的確如此，不過，與其說我是因為喜歡而選擇待在銷售現場，倒不如說我認為銷售現場也在我該負責的範圍之內。

Notes

「The Tweed Run Tokyo」（東京紳士騎行）
發跡於倫敦的「The Tweed Run」，活動主要是宣揚英倫紳士品味融入單車活動中，還有慢活的生活態度。至今已成為全球時尚界和單車界的矚目活動，熱潮延伸至巴黎、莫斯科、紐約、東京、中國等世界各地，目前已成為一種無國界、無種族分別的全球性時尚運動。

個人的煩惱可借助眾人的力量來克服

前面我有提到希望藉著一己之力讓社會越來越好，其實，為了達到這個目的，有許多方法可以採用。

近年來我最常用到的一句話就是「解決問題」。我知道在討論問題的時候，人們每每都會喜歡聚焦在優先順序、實際效果等議題上，但只要簡單用「解決問題」這四個字，就可以讓我快速理解、抓到重點，並且執行起來也很容易。

在UA，我們習慣凝聚大家的力量解決個人的問題，也就是「041（all for one）」的專案合作原則。041是日本的電視台、電信公司，以及幾間財團法人、私人企業，跨越業界的藩籬隔閡，凝聚起來共同開創的「Social Wennovators」企劃，當初他們的想法是「如果將個人化的服務提供給群體使用，會得到什麼樣的反饋呢？」比方說開發一種只要大聲呼喊就可以操控迷你相撲選手互相競賽的遊戲，讓老人與小孩可以一起玩。

其他還有很多領域可以藉由這個企畫的精神深入思考，比方說移動時的輔助、時尚的外觀、運動的協助等等，以 UA 而言，能夠幫得上忙得當然就是時尚的部分。在此提出一款具體的商品來作為例子，像我們有研發一件大衣，就是提供坐輪椅的人以及一般正常人都適合穿的設計。通常坐著輪椅移動的時候，大衣後面的部分是不需要的，因此我們的設計是可以將後面的部分拆下來，並且當作遮雨布蓋在腳上。不拆除的話就是當作一般的大衣來穿。

對於身體上有所障礙的身心障礙者，UA 會以「挑戰者」來稱呼，因為市面上有很多衣服並不適合「挑戰者」穿，所以我們採用了反向思考，並開啟了「任何人都能穿」的服飾研發企畫。

我們還設計出一款躺著也能輕鬆穿上的防風外套，外觀看起來跟一般的防風外套沒什麼兩樣，但因為其中一部分採用了伸縮度較高的材質，所以身心障礙者在穿脫的時候都會格外輕鬆。這是由阿曾太一先生（日本搞笑藝人，罹患脊椎萎縮症）的委託所延伸而來的設計發想，太一先生是日本首位躺著表演的搞笑藝人，他希望自己能夠穿上「很帥氣的流行服飾」。

我想，任何一件商品，都是源自於人們的需求，比方說像 UA 的一款長裙，就是來自一位使用輪椅的女性心中的期待，她因為發生意外導致頸椎受傷，從此不良於行。從學校畢業之後，她進入社會工作，卻深深感受到自己能穿的裙子真的很少，我們聽到了她的心聲，才了解到原來穿裙子對於坐輪椅來說有些不方便。

為此，我們在長裙的裙襬處增加了拉鍊，讓消費者即使坐著也很容易穿脫。再者，如果屁股的部分有過多的皺褶，長時間坐著會容易悶出褥瘡，所以我們也調整了裙子後面的樣式，站起來的時候就可以看得出來這個特別的設計。

負責這個企畫的是神出奈央子小姐，我衷心地認為她的表現真的很棒，她並不是以「挑戰者」為目標對象進行設計，而是希望讓身心障礙的消費者也能有平等的使用體驗，這就是為消費者「解決問題」。

服飾業者的社會責任

除了為「挑戰者」解決問題之外，還有一個例子也很特別。有位媽媽說自家的孩子因為生病的關係經常會不自覺地流口水，上了小學之後依舊還是像小寶寶一樣整天流著口水，讓人看了心生不忍。聽到這位媽媽的心聲之後，我們設計了一款連身洋裝，並讓這件衣服保有圍兜的機能。緊接著我們又推出第二彈，讓一件乍看之下充滿運動風的 T 恤，同樣保有前面的圍兜機能。知名的設計師查爾斯 • 伊姆斯（Charles Ormond Eames Jr.）曾說：「設計就是為了解決問題。」所以我認為，為了解決問題而誕生了服裝設計。

人們常會去思考什麼是正常、什麼是異常，然而很有可能這個思維本身就存有可議之處，畢竟我們每個人都會有缺點或扭曲的部分，或者應該說，我們都有「不正常」的地方，只是這些問題的成因各不相同，可能會來自於身體、內心層面、個人習慣、或是社會環境，如此而已。因此，對於社會上的所有議題，我們都應該以公平且開放的心態來看待。畢竟這並不僅僅只是道義或道德方面的問題而已，更會牽扯到經濟效益。生產人們所需的物品，是製造業的「職責」，而物品的販賣則是零售業的「職責」。前面所提到的 EFI 就以「我們所做的是份內工作，而非慈善」（Not charity just work）為精神標語，簡單明瞭地表達出事情的本質。

我想大家都聽過「社會貢獻」一詞，不過我跟 UA 公司在參與一些社會活動時，都不是為了社會貢獻而做的。因為我認為，如果一間企業沒有辦法做到對社會有所貢獻的話，不就沒有什麼存在的意義與價值了嗎？所以說，身為服飾業者，我們願意向社會承諾，盡可能為社會帶來正面的影響、努力對社會做出貢獻。並且在未來的日子裡，我會希望像這樣的服飾業者能夠持續存在，在這樣的公司，我覺得在裡頭工作三十年都不是問題。所幸，UA 的經營團隊，以及新加入的年輕夥伴，都能夠理解這個理念。我們一定還會遇到很多挫折，未來的關卡也一定會源源不絕，但透過服飾的採購及銷售來促使「更多人感到幸福」，是我們全體上下共同追求的目標。

時尚產業的未來

二〇一八年起，UA 就啟動了資源再利用的企劃，名為「RE」。這個專案的主要內容就是將損壞的商品或實體店的耗損家具等等，透過再加工、再製造的方式讓物品重獲生機，並推到市場上進行銷售。

今後服飾業或時尚產業應該要努力方向，我認為是「零廢棄」。而且如果可以的話，我也會希望大家能夠做到「不削價競爭」、「不賤價促銷」。以食品產業來說，商店街一般都會在關店之前進行降價銷售，用便宜的價格把當天剩下來的食物賣出去，避免浪費食物，因此這方面來說食品業者算是做得很好。但相對來說，服飾業者如果明明就知道會生產過量，就應該要進行減產，而非狂打折扣戰。要做到零廢棄對服飾產業來說並不容易，但我相信一定會有解決的辦法的。

服裝存在的意義，除了持久耐用、避暑抗寒，以及穿了之後會感到安心之外，擁有特殊設計的衣服還會帶有提振人們心情的效果，因此我認為在未來的日子裡，服裝還是要持續扮演好這樣的角色。

「符合潮流」或「擁有名氣」就會受人矚目的價值觀，現今已經越來越淡薄，近年來大家都在 Instagram 上盡情表現自我。在社交媒體上得到認可的欲望，被人們誤解為與自己購買的商品有關，所以大家在買衣服的時候，挑選的標準也變成是「能不能在 IG 上秀一波」。

我覺得這樣的現象真的有點不妙，因為這樣的選擇方式能顧及自己在穿著上的真實需求嗎？而且挑出來的真的是自己喜歡的衣服嗎？

人生路上常常伴隨著無數的選擇，所以讓人做出決定的核心思維相當重要。如果每個人在選擇的時候都不仔細思考，對當權者來說，就會是一群相當好控制的人民，而且容易形成法西斯社會。近年來，「決策」一詞日益受到重視，它的意思做好選擇，並且做出決定。

人生就是由不同的選擇所構成的，包含生活方式、合作夥伴等等，都需要好好思考，而且範圍不只侷限於家庭而已，社會、社區，乃至於整個國家，都會受到個人選擇所影響。

比方說在選舉的時候選擇棄權的話，就沒有任何意義了，只會是被有能力統合票源的當權者利用而已。像是在挑不出「最佳」候選人的時候，可以用刪去法的方式來票選「相對來說比較好」的那位候選人。這也是做出決策的一種方式。

為了讓自己可以好好思考，蒐集相關情報是必要的，因為那是思考時的佐證素材。另外也可以透過互相比較、深入檢討的方式來推導出結論。不過，最重要的關鍵還是自身的判斷能力，然而，判斷能力並不會在轉瞬之間突然湧現或是突然下降，因此需要在日常生活中持續累積每個小小的決策，換句話說就是訓練「選擇」的能力。

每一個選擇接續起來之後，會慢慢匯聚成更高層級的事物，一個社區或是整個社會，就是這樣形成的。

正是因為如此，所以我才會說，即使只是替自己選一件合適的衣服，也是非常重要的決定。

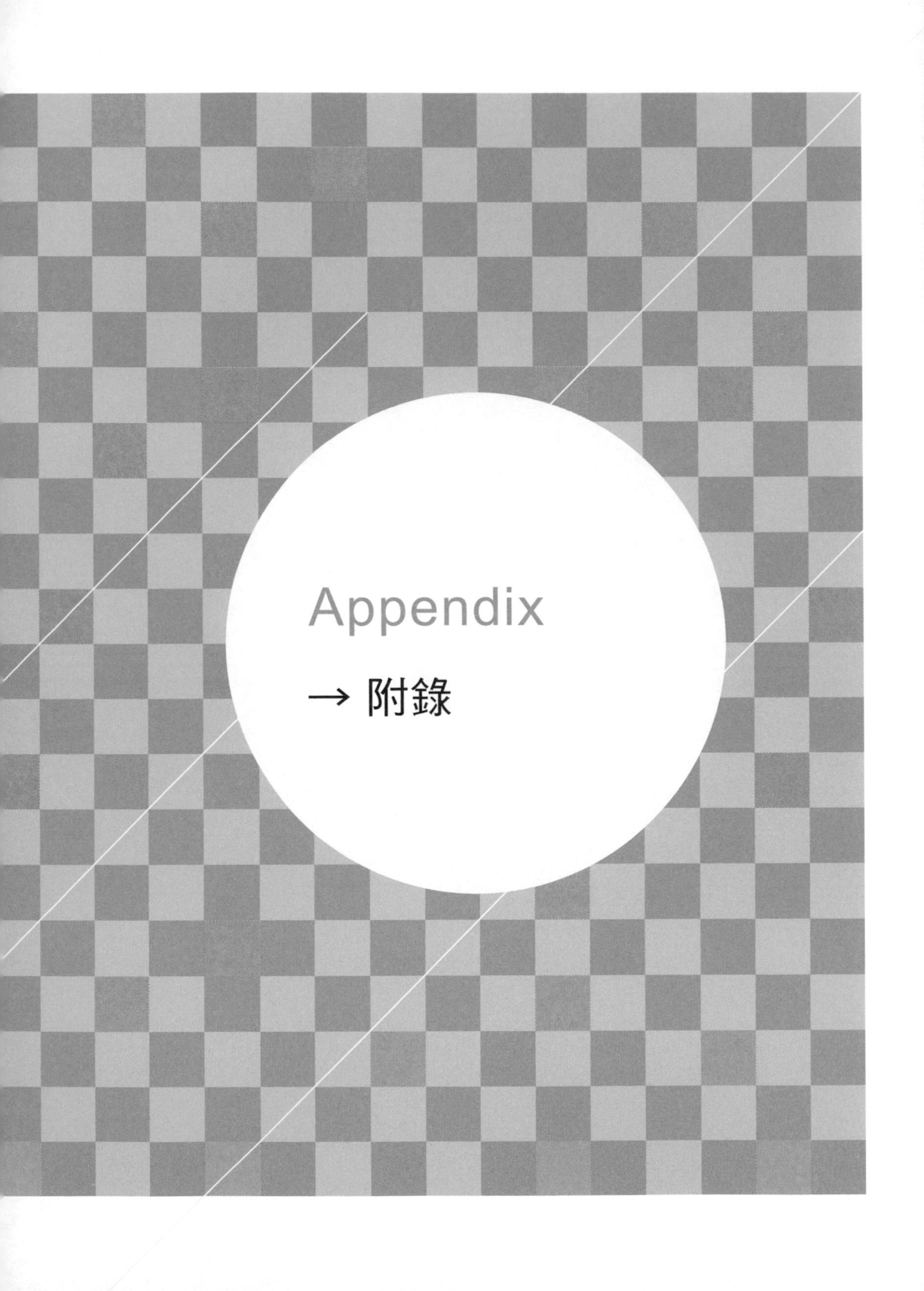
Appendix
→ 附錄

後疫情時代的世界—後記

這本書對我來說是第一本著作，而在書裡所提到的，也是現在日本乃至於整個世界都在面對的「初體驗」。

我之所以沒有用過去式的說法來進行描述，就是因為這個人類整體的初體驗還沒完全結束，而且說不定還會持續影響好幾年，甚至也有可能會永遠與我們相伴。沒錯，我所說的正是 COVID-19 疫情。

在漫長的歷史上，人類已經與疾病大戰過好幾回合，COVID-19 嚴格來說也已經是二十一世紀影響全世界的第二個傳染病了。在二十世紀的時候，人類非常努力建構這個世界，並且認為靠著科學的力量可以解決所有問題，沒料到「病毒」的存在卻深深威脅著全體人類。

病毒所攻擊的不只是人類或哺乳類而已，包含社會系統、人類的行動方案、經濟、政治、人際關係、文化、消費、身分認同、哲學、教育⋯等，所有近代人類努力構築的一切，都有可能會因為病毒而陷入停頓，甚至是完全歸零。

透過疫苗接種或特效藥的發明，我們應該可以擋得住病毒的肆虐，但就在這短短的幾個月之間，有好多東西消失了，好多產業也瀕臨崩毀，更有難以計數的事物失去了意義，恐怕這樣的影響在後續還會有更多具體化的呈現。

文明的進步讓我們的生存環境變得越來越舒適，但那些為我們服務的東西，也有可能瞬間讓我們陷入困境，而且這個世界也漸漸地充滿了與人類生存沒有直接關連的東西。

究竟對於我們身在其中的社會系統來說，什麼是最重要的呢？該以什麼作為評判的標準？又該繼續保有哪些規則？

為了防止疫情擴大，各國都限制了人們的行動，減少接觸的確可以降低傳染機會，可以隨時隨地安心出門正是一座城市存在價值與魅力所在。如果「足不出戶」變成常態，那麼城市裡的公共設施就沒有人會去整理了，市容也會看起來像誰也不願造訪的鬼城一樣。

在日本政府發出「緊急事態宣言」之前，人們就已經自動自發地深居簡出，因此東京呈現出一種非現實的感覺。

比方說二〇二〇年舉辦的東京奧運，預估將會帶來龐大人潮，JR 原宿車站也為此作了翻新工程。這個維持了六十年的寧靜街區，很有老車站的風味，但改建了之後完全變了模樣，讓我這個使用了三十年以上的老乘客感到不可思議，感覺就好像是為了拍廣告而搭建的場景。雖然幾乎沒有人在操作，但所有機能卻都正常運作，真的很神奇。

穿著非洲服飾的我，站在嶄新的車站建築前，不禁回想起一路以來的種種經過。

西非的布吉納法索，有許多圍繞著農田而建的村落；大樹底下，有很多用手編織飾品或正在紡織布料的當地婦人聚集在一起，旁邊還坐著一個人安安靜靜的老男人。當時，我看著那個老男人許久，只見他似乎並沒有任何其他事情可做，因此我便向旁邊的人詢問老男人的工作內容，結果那人說：「他是導遊，不過現在沒有任何工作可做。他是個獨居老人，會在這裡一直待著，一定是因為找到了什麼意義吧。」我可以感受得到老男人的生活其實相當「豐足」。

我造訪布吉納法索已經是六年之前的事情了，過去幾年當地發生了好幾次政變，而且病毒感染的狀況也時有所聞。不過，跟我們保持合作關係的當地製造商，卻似乎沒有受到任何影響，不僅在地人的生活一切照常，就連聯合國組織 EFI 的工作人員也說：「這裡比巴黎還要安全。」這位工作人員住在首都瓦加杜古已經有好長一段時間了。

反倒是日本，不僅勞工僱用及居住的問題越來越嚴重，而且在居家防疫期間，大人都在家待著，結果造成虐兒事件頻傳。

遙遠國度的平穩日常；自己的生活卻令人窒息。
感覺我們與非洲的距離不只是物理上的遙遠，簡直像在不同次元一樣。
就算今後這些所謂的「先進國家」都陷入了崩壞狀態，我想非洲的人們還是會如同現在一般輕鬆度日吧。如果說他們跟先進國家的關係已經緊密到難分難捨，那麼這次的疫情對他們來說或許是一種進步、一種幸福。

香奈兒（CHANEL）在九〇年代之後，將幾個法國僅存的「手工藝老店」收入囊中，其中包含刺繡、製鞋、製帽，以及手工羽毛裝飾品等等，簡直可以說是充滿專業職人的一個集團。把職人們聚集起來的原因很簡單，藉此跟其他公司做出差異化之外，更重要的就是為世人保留傳統工藝的技術。我想，一個成功的私人企業品牌，就是該當要有這樣的決策。

我在第二章介紹過的蔻奇（KOCHÉ）品牌設計師克里斯特爾 ・ 科赫（Christelle Kocher），後來加入老字號的香奈兒（CHANEL）設計團隊御用的山茶花及羽飾工坊（Maison Lemarié）。

她到了職人團隊的山茶花及羽飾工坊（Maison Lemarié）任職後立刻就了解到「繼續這樣下去一定會走向衰退」。當時工坊是靠幾十位年事已高的女性在維持營運，雖然技術真的很厲害，但卻後繼無人。她們的手工藝技術讓法國始終可以在全世界保有時尚尖端的地位，即使工藝高超但她們所創作的飾品終究會不合時局。她設法讓工坊進行改革創新，積極接洽對外的合作機會，並且大量招募年輕的新人，後來也順利打造出一個以年輕女性為主的百人團隊。

後來在建立自有品牌的時候，克里斯特爾 ・ 科赫（Christelle Kocher）所訂定的品牌核心就是「融合時裝的技術、藝術的創意，以及街頭的氛圍」。我想，是因為她在山茶花及羽飾工坊（Maison Lemarié）累積了許多相關知識，並且用宏觀的角度觀察了整個時尚產業，所以才能將一切落實在自己的品牌上。

克里斯特爾・科赫（Christelle Kocher）出生於法國的聖特拉斯堡，父母均屬勞工階級，一家人過著純樸的生活，據說家裡連一本書都沒有。然而，好奇心旺盛的她非常勤奮向學，在求學期間是成績優秀的高材生。在青春期的高中階段，她向老師提出了許多高難度的問題，結果老師給了她一個建議：「你一定要去看尚・保羅・沙特（Jean-Paul Sartre）或西蒙・波娃（Simone Beauvoir）的書。」從那時候起，她就開始編織屬於自己的人生。

Notes

山茶花及羽飾工坊（Maison Lemarié）
一八八〇年成立，最初是一家在巴黎設立的工作坊，在一九四六年開始製作花飾，它不僅是「老佛爺」卡爾拉格斐（KarlLagerfeld）體現香奈兒（CHANEL）高級訂製的核心，還擅長製作各種精緻鑲飾、褶飾、滾邊、刺繡等高端工藝品。目前許多高級訂製品牌也都有他們的影子。

巴黎的時尚界並不單純是實力主義，要在業界成為頂尖的設計師，「眉清目秀且社交活動豐富」是必要的條件之一，經過一段時間的努力後，克里斯特爾・科赫（Christelle Kocher）也漸漸明白這個道理，因而對於特權及階級社會的價值觀內心產生了許多疑問。所以她認為想要打破既有的藩籬，除了發揮創意並且讓自己邁向成功之外別無他法，於是她就打造了一場以車站為伸展台、以街頭素人為模特兒，而且完全沒有座位，來賓全部站著的時裝大秀。時尚金字塔上層之中所流傳的「時裝秀第一排就是頂尖菁英的證明」這個不成文規定，就是她所打破的。

疫情肆虐之後，時尚產業會往哪個方向發展？在未來的日子裡，全世界的設計師們會以什麼樣的哲學來開啟新的道路？在談論這些議題之前，我希望大家能先了解 KOCHÉ 以及克里斯特爾的故事，所以我才會花那麼長的篇幅來描述，並且我認為她的經歷是「破壞性創造對公司運營相當重要」的最好範例。

以挖掘新銳設計師為主要目的的 LVMH Prize 大賽，無論是大獎的金額或是得獎之後所受到的關注，都遠遠勝過其他同類型的賽事。我從第一屆就開始受邀擔任評審，因此在大賽上認識了很多新人，後來一起在商業上進行合作的例子也不少。今年堂堂邁入第七屆的 LVMH Prize，就像往年一樣由評審團票選出八位參賽者進入準決賽，原本的規劃是六月要在 LVMH 的總部進行最終評選，但為了防疫的關係宣告取消，主辦方在深思熟慮之後決定「首獎獎金由八位設計師均分」。雖然這個決定一定也有考量到營運上的問題，但我還是能從中感受到疫情大流行之後所帶起的新的價值觀，因此也特地寫了 E-mail，向主辦方表示我百分之百贊同他們的決定。

在八位入圍決賽的設計師之中，想先跟大家介紹辛迪索 ・ 庫馬洛（Sindiso Khumalo），將據點設立在南非的她，以「永續性」為服裝設計的重點，並且以解放奴隸制度的女英雄為發想依據，透過服裝設計向世界闡述她獨創的故事。

接下來介紹來自保加利亞及英國的二人組艾瑪 ・ 喬波娃（Emma Chopova）及勞拉· 洛維娜（Laura Lowena），她們主要是採用了在保加利亞找到的滯銷商品為材料，並將之升級改造為全新的設計品。

還有一位是印度及奈及利亞的混血兒普里亞 ・ 阿魯瓦利亞（Priya Ahluwalia），她的創作幾乎都是運動風的服飾，也同樣是以舊物升級為主要訴求。

這個世界知名的大賽，每年所評選出來的新秀人才都有不同的出身、國籍及審美觀，比起大獎落在一位男性或女性設計師身上，我堅信讓八組進入準決賽的新人都得到相等的殊榮是更符合時代背景的作法。他們今後的發展相當令人期待，而且他們現在的努力方向，不就象徵著後疫情時代的精神嗎？

在 COVID-19 延燒全世界之際，服飾業者的存在意義也受到了質疑。
畢竟對人們來說，生死才是最大的課題，衣服既非藥物，也不能吃，更不是醫療器材，況且也不是內衣或襪子之類的日常用品。這麼說起來，「時尚服飾」的存在對社會整體來說究竟代表什麼意義呢？

服飾可以透過本身的存在讓人們不被認出來。還記得驚悚大師希區考克（Alfred Hitchcock）早期有一部電影，描述主角在躲進人群之後，穿上了一件「誰都可能會穿的大衣」，讓自己順利隱身人群之中。也就是說，一件大衣就讓逃亡的主角融入群體、躲過追查了。相反的例子是，有一個存在感很薄弱的高中生，某天突然換上了華麗的服裝，因而獲得班上同學的認可，頓時成為人氣王，這部戲劇的劇情也同樣令我印象深刻。

服裝是讓人可以鶴立雞群或是徹底隱身的工具。

先前我參加了一場電話座談會，主題是「後疫情時代的社會與消費之間的關係」，當時我被問到:「病毒的危害結束之後，時尚圈會產生什麼樣的變化呢？」我的回答是：「日本人要做出這個最難的決定時，應該會比任何時刻都要更加深入思考吧。」結果主持人緊接著問我是不是贊成研發一種「布料更加結實的衣服」，就在我正打算要回應之前，有個支持主持人想法的女性說道：「後疫情時代應該會發展成共享社會，所以大家想必都會比較喜歡不過度強調自我主張的衣服吧。」我想，無論是哪個觀點，都是「服裝的份內職責」。
藉著時尚的存在，人們可以感受到自己的價值，這就是我的想法。
對服裝產生興趣之後的漫長歲月裡，還有服裝零售的經驗，再加上以專家的身分發表評論的那些日子…在此之中，我經常會將「時尚與社會之間的關聯性」視為最重要的題目。

病毒本身是隱形的，但卻能將萬事萬物都現出原形。在歐美，確診者與重症死亡的病患，都是非洲裔或少數民族占大多數，在在說明種族歧視依舊存在的社會現實。有色人種大多會站在「市民生活的最前線」，也就是擔任警官或作業員之類的工作，所以才會確診及死亡的人數都偏多。人民全體都能享有的保險制度，可以作為病毒感染的一道防波堤，但無論保險有多重要，美國還是沒有付諸實現；對於受到傷害或是需要幫助的人來說，社會支援制度是非常薄弱的；而對於單親父母來說，小孩因為學校停課而待在家裡，但專業的保母人數越嚴重不足；老師及學校的角色該如何替代、自主停業的個人企業主陷入困境、在網咖度日的人變得無家可歸；繁榮的消費社會裡，還是有許多找不到工作的弱勢族群；「除非必要否則不要出門」的評斷標準相當模糊，以致於生活完全被打亂的音樂家或演藝人員…種種的問題都因為病毒而浮上檯面了。

從另外一個角度來看，由於大部分經濟活動都陷入停頓，使得空氣汙染的狀況獲得紓解，最明顯的例子就是從孟買市中心居然可以清楚看見喜馬拉雅山了，因此，拯救地球環境的解方在短時間內似乎也見到了曙光，人們開始思考「這是不是可以用來當作保護環境的對策？」不過目前為止這一切都還在未定之天。另外，由於自主防疫的關係，遠距工作的環境突然飛快進化，使得受到疫情影響的人可以重新審視自己的就業條件及機會，這也是病毒讓事物浮上檯面的例子之一。

為了讓經濟蓬勃發展，採行實力主義的現實社會往往會直接捨棄跟不上腳步的人…這是二十世紀末所留下來的遺毒，一直到二十一世紀仍舊影響甚鉅。日本長期在保守政權的掌政下，對國民隱瞞了許多事實，而且還有發展成獨裁的可能性，這些問題也都因為疫情而顯現出來了。帶領人類與病毒作戰的各國領導人，包含日本的領導人在內，他們有足夠的能力嗎？日本國內還有所謂的自治區管理者，這些檯面上的政治人物，是否思考過自己「是為了誰而成為政治家的？」政治人物有沒有使命感？對自己的責任是否都了解？有沒有誠意解決問題？這些也全都被攤在陽光下了。

疫情的肆虐讓各行各業都暫時停下了腳步，因此，企業的成立宗旨為何？為了什麼目標而努力？這些問題成為內部的關注重點，所有業種乃至於所有工作的存在意義，相信今後都會持續被討論。

所有人也都一樣必須正視自己存在的意義。

事實上，停下腳步也為人們帶來了「思考」及「坦然面對」的效果。在自主防疫的過程中，日本人學到了「可以暫時停下腳步，但不能保持沉默」，所以越來越多人願意在思考過後發表自己的想法。在防疫期間，透過社群媒體明確地向執政者說不的人也越來越多了。

當我們開始坦然地面對自我的時候，也會開始更加坦然地面對自己的服裝。我就在面對自我的時候，思考著「服飾產業的未來之路」以及「未來的人們應該要穿什麼樣的衣服」之類的問題。

如果這本書可以為面對疫情侵襲的時尚業界帶來一些提示，或是為疫情下的各行各業帶來一些刺激，那就太好了。

致謝

本書的出版，我要特別感謝一路以來支持著我的家人、朋友，以及工作上的所有夥伴，這本書是獻給大家的。

重松理先生、岩城先生、水野谷先生，感謝你們邀我一同創立 UA；竹田先生、東先生、山崎先生、松崎先生、松本先生，UA 的未來就麻煩你們了。FM 團隊以及秘書團隊的所有夥伴，平常承蒙各位給予大力協助，衷心感謝。

田中奈美小姐、高橋香澄小姐、葛西薰小姐，謝謝你們跟我一起成就了一本這麼棒的書。

還有栗野淳子、栗野素馨、愛犬裘娜，謝謝你們給我那麼多的愛。

作者簡介

栗野宏文

Hirofumi Kurino

一九五三年

出生於美國紐約州的紐約市。

回國後在東京世田谷長大。

在世田谷區立小學、國中、高中就讀，之後進入日本和光大學人文藝術學系。

一九七七年

大學畢業進入鈴屋大型連鎖公司任職。

在上野總店擔任銷售員，以及採購助理。

一九七八年

進入 BEAMS 公司，歷經 BEAMS 店長、網路商城店長、採購、監製、印務等工作之後，接下企劃部長一職。

一九八九年

成立 UA，擔任常務董事並兼任銷售部長、採購負責人，並擔任首席創意總監之重責。

一九九六至二〇〇〇年七年間，以及二〇〇九、二〇一三年

擔任比利時安特衛普皇家藝術學院（Royal Academy of Fine Arts）的畢業資格審核人員。

二〇〇四年

榮獲英國皇家藝術學院授予榮譽院士資格。
與 BOF（The Business of Fashion）評選為全世界影響時尚圈的五百人。

二〇〇八年

卸任 UA 常務董事職務，並擔任 UA 高級顧問至今，負責擬定策略方案。

二〇〇九年

重新開啟 COMME des GARÇONS HOMME DEUX（川久保玲男裝支線），負責擬定策略方案。

二〇一四年

擔任第一屆 LVMH Prize 的評審，爾後每年均接下此任務。

二〇二〇年

在柏麗慕達時尚學院（Polimoda Firenze）擔任碩士課程教授。

自一九九〇年代以來，在時尚雜誌刊登過非常多文章，當中包含 FIGARO 日文版、ELLE 日文版、VOGUE 日文版、GQ 日文版、朝日新聞等。

興趣是聽音樂、欣賞藝術品、看電影、散步…

モード後の世界
後疫情時代
UNITED ARROWS
選品店天王
紅遍全球的祕密
Fashion = Culture × Business

國家圖書館出版品預行編目 (CIP) 資料

選品店天王：紅遍全球的祕密 / 栗野宏文作
；李喬智翻譯．-- 初版．-- 臺北市：
風和文創事業有限公司，2022.09
面；　公分
譯自：モード後の世界
ISBN 978-626-95383-5-5(平裝)

1.CST: 服裝業　2.CST: 時尚　3. 商業設計　4. 流行趨勢

488.9　　111004199

作者	栗野宏文
譯者	李喬智
總經理暨總編輯	李亦榛
特助	鄭澤琪
主編	張艾湘
主編暨視覺構成	古杰
出版	風和文創事業有限公司
地址	台北市大安區光復南路 692 巷 24 號一樓
電話	886-2-2755-0888
傳真	886-2-2700-7373
EMAIL	sh240@sweethometw.com
網址	www.sweethometw.com.tw

台灣版 SH 美化家庭出版授權方公司
IESG
凌速姊妹（集團）有限公司
In Express-Sisters Group Limited

地址	香港九龍荔枝角長沙灣 883 號億利工業中心 3 樓 12-15 室
董事總經理	梁中本
E-MAIL	cp.leung@iesg.com.hk
網址	www.iesg.com.hk
總經銷	聯合發行股份有限公司
地址	新北市新店區寶橋路 235 巷 6 弄 6 號 2 樓
電話	02-29178022
印製	兆騰印刷設計有限公司
裝訂	祥譽裝訂有限公司
定價	新台幣 380 元
出版日期	2022 年 9 月二刷